Mit freundlicher Empfehlung

Biotest
Pharma

Wiss. Information und Vertrieb
Frankfurt am Main

G. Maass (Hrsg.)

Virussicherheit von Blut, Plasma und Plasmapräparaten

Mit 18 Abbildungen und 15 Tabellen

Springer-Verlag
Berlin Heidelberg New York
London Paris Tokyo

Prof. Dr. med. Günther Maass
Hygienisch-bakteriologisches
Landesuntersuchungsamt „Westfalen" Münster
Von-Stauffenberg-Straße 36
4400 Münster

ISBN-13 : 978-3-540-19128-5　　　　　　e-ISBN-13 : 978-3-642-73564-6
DOI : 10.1007 / 978-3-642-73564-6

CIP-Titelaufnahme der Deutschen Bibliothek
Virussicherheit von Blut, Plasma und Plasmapräparaten / G. Maass (Hrsg.). –
Berlin ; Heidelberg ; New York ; London ; Paris ; Tokyo : Springer, 1988

NE: Maass, Günther [Hrsg.]

Dieses Werk ist urheberrechtlich geschützt. Die dadurch begründeten Rechte, insbesondere die der Übersetzung, des Nachdrucks, des Vortrags, der Entnahme von Abbildungen und Tabellen, der Funksendung, der Mikroverfilmung oder der Vervielfältigung auf anderen Wegen und der Speicherung in Datenverarbeitungsanlagen, bleiben, auch bei nur auszugsweiser Verwertung, vorbehalten. Eine Vervielfältigung dieses Werkes oder von Teilen dieses Werkes ist auch im Einzelfall nur in den Grenzen der gesetzlichen Bestimmungen des Urheberrechtsgesetzes der Bundesrepublik Deutschland vom 9. September 1965 in der Fassung vom 24. Juni 1985 zulässig. Sie ist grundsätzlich vergütungspflichtig. Zuwiderhandlungen unterliegen den Strafbestimmungen des Urheberrechtsgesetzes.

© Springer-Verlag Berlin Heidelberg 1988

Die Wiedergabe von Gebrauchsnamen, Handelsnamen, Warenbezeichnungen usw. in diesem Werk berechtigt auch ohne besondere Kennzeichnung nicht zu der Annahme, daß solche Namen im Sinne der Warenzeichen- und Markenschutz-Gesetzgebung als frei zu betrachten wären und daher von jedermann benutzt werden dürften.

Produkthaftung: Für Angaben über Dosierungsanweisungen und Applikationsformen kann vom Verlag keine Gewähr übernommen werden. Derartige Angaben müssen vom jeweiligen Anwender im Einzelfall anhand anderer Literaturstellen auf ihre Richtigkeit überprüft werden.

Druck u. buchb. Verarbeitung: Druckhaus Beltz, 6944 Hemsbach
2127/3140/543210

Inhaltsverzeichnis

G. Maass:
Einführung 1

U. Hartenauer:
Indikationen für die Gabe von Blut und Blutderivaten
in der Anästhesie und der operativen Intensivmedizin 3

Diskussion 9

M. Roggendorf:
Virusinfektionen durch Übertragung von Blut
und Plasmaprodukten 12

Diskussion 23

H. Fiedler und *H. Cramer:*
Vorschriften für Gewinnung und Transfusion von Blut
und Blutprodukten 26

Diskussion 34

D. Neumann-Haefelin:
Möglichkeiten und Grenzen von Spenderscreening
und Virusnachweis 37

Diskussion 51

W. Stephan:

Virusinaktivierung in Blutprodukten 53

Diskussion 62

H. Wartensleben:

Rechtliche Aspekte zur Transfusion von Blut
und Blutprodukten 64

Diskussion 69

Panel Diskussion 73

Sachverzeichnis 79

Mitarbeiterverzeichnis

Dr. *H. Cramer*
DRK-Blutspendedienst, Stellmacherweg 43, 4400 Münster

Dr. *H. Fiedler*
DRK-Blutspendedienst, Stellmacherweg 43, 4400 Münster

Privat-Dozent Dr. *U. Hartenauer*
Klinik für Anästhesie und operative Intensivmedizin,
Westfälische Wilhelms-Universität,
Albert-Schweitzer-Straße 33, 4400 Münster

Professor Dr. *G. Maass*
Direktor des Hygienisch-bakteriologischen
Landesuntersuchungsamtes „Westfalen" Münster,
Von-Stauffenberg-Straße 36, 4400 Münster

Professor Dr. *D. Neumann-Haefelin*
Institut für Medizinische Mikrobiologie und Hygiene,
Abteilung Virologie,
Klinikum der Albert-Ludwigs-Universität,
Hermann-Herder-Straße 11, 7800 Freiburg

Privat-Dozent Dr. *M. Roggendorf*
Max von Pettenkofer-Institut für Hygiene und Medizinische
Mikrobiologie der Ludwig-Maximilians-Universität,
Pettenkoferstraße 9a, 8000 München

Dr. *W. Stephan*
Leiter der Forschungsabteilung
Biotest Pharma GmbH
Flughafenstraße 4, 6000 Frankfurt 71

Dr. *H. Wartensleben*
Gut Gedau 1, 5190 Stolberg

Einführung

G. Maass

Bei einer Tagung, die unter dem Motto „Virussicherheit von Blut, Plasma und Plasmapräparaten" steht, wird sich mancher fragen, warum die Sicherheit dieser Arzneimittel auch heute noch ein Problem ist, nachdem seit vielen Jahrzehnten Bluttransfusionen durchgeführt werden, Immunglobuline zur Therapie und zur Prophylaxe verabreicht werden, Gerinnungsfaktoren zur Substitution gegeben werden. Es fehlt auch nicht an Äußerungen im medizinischen Bereich, daß dieses Problem leicht lösbar sei, und daß nur eine gewisse Sorglosigkeit und Lässigkeit der Hersteller und der Zulassungsbehörden einer endgültigen Lösung im Wege stünden.
So einfach ist dieses Problem allerdings nicht aus der Welt zu schaffen. Man muß sich stets daran erinnern, daß Blut und Blutprodukte, gleichgültig, ob es sich um zelluläre Bestandteile handelt, um Immunglobuline, Gerinnungsfaktoren, Immunmodulatoren oder zahlreiche weitere Bestandteile, gegenüber anderen Arzneimitteln Besonderheiten aufweisen. Diese beruhen vorwiegend auf dem Ausgangsmaterial, dem Blut, das eben nicht einheitlich ist und vor allem in wechselnder Häufigkeit mit Fremdstoffen belastet ist, seien diese vermehrungsfähig oder nicht vermehrungsfähig.
Geringe Abweichungen im Herstellungsprozeß können zu Produkten unterschiedlicher Wirksamkeit, unterschiedlicher Reinheit und unterschiedlicher Verträglichkeit führen. Eine Chargenprüfung, die sich im Idealfall auf Wirksamkeit und Unschädlichkeit erstreckt, ist also eine unabdingbare Notwendigkeit bei diesen biologischen Materialien. Vor allem die Kontamination des Ausgangsmaterials mit vermehrungsfähigen Agentien, insbesondere mit hämatogen übertragbaren Viren, führt immer wieder zu Diskussionen über die Sicherheit dieser Produkte. Neben der Auswahl eines geeigneten Spenders – was immer das bedeutet – werden unter anderem routinemäßig Labortests zum Nachweis von Hepatitis-B-Antigen und HIV-Antikörpern durchgeführt. Einige Untersucher sind der Ansicht, daß mit Hilfe sog. Surrogattests zumindest ein Teil der Träger von Hepatitis Non-A/Non-B-Viren erkannt werden könne. Spezifische Nachweisverfahren stehen hierfür bekanntlich nicht zur Verfügung und sind in Kürze auch nicht zu erwarten.
Die weit verbreiteten persistierenden Infektionen mit Viren der Herpes-Gruppe, vor allem mit dem Cytomegalievirus, haben vor allem in der Neonato-

logie und in der Transplantationsmedizin zu der Forderung geführt, an CMV-negative Empfänger nur CMV-negatives Blut oder Blutprodukte zu übertragen. Aber wie sicher sind derartige Nachweisverfahren? Mit diesen hier angesprochenen Stichworten sollen nur Bemühungen angedeutet werden, bekannte Infektionserreger in Blut oder Blutprodukten zu erkennen. Die Tragik, die sich aus dem Vorhandensein unbekannter oder nicht nachweisbarer Krankheitserreger in Blutprodukten oder Organextrakten ergeben haben, haben wir alle in jüngster Zeit erlebt: die Häufung von HIV-Infektionen bei Hämophilen und – wie im Falle der Organextrakte – die Übertragung der Creutzfeldt-Jacob'schen Erkrankung durch Wachstumshormone.

Neben diese Bemühungen um die Gewinnung eines möglichst einwandfreien Ausgangsmaterials treten Inaktivierungsverfahren, um in den Blutprodukten eventuell vorhandene Viren zu zerstören. Diese Inaktivierung kann bei einigen Produkten durch die angewandten Produktionsmethoden erfolgen (z. B. Cohn-Onkley-Verfahren), was sicher im Folgenden noch erörtert werden wird. Es können aber auch zusätzliche Methoden notwendig werden, z. B. Erhitzen des Produktes oder eine chemische Inaktivierung der Viren. Hier stellt sich die Frage, ob durch diese chemischen Prozesse auch die im Plasma vorhandenen Proteine oder Polypeptide verändert werden, und ob hierdurch neue Antigene mit allen sich daraus ergebenden Konsequenzen entstehen.

Dies waren nur einige Gedanken zu dem zur Diskussion stehenden Thema; die folgenden Beiträge werden zeigen, ob heute bereits Antworten zu den aufgeworfenen Fragen aufgezeigt werden können.

Indikationen für die Gabe von Blut und Blutderivaten in der Anästhesie und der operativen Intensivmedizin

U. Hartenauer

Einleitung

Neben der Sicherung einer normalen Funktion von Atmung und Kreislauf, der Sauerstoffaufnahme, des O_2-Transports und der O_2-Abgabe durch die Erythrozyten, ist die Kontrolle und Therapie einer gestörten Blutgerinnung eine der vordringlichen Aufgaben des Anästhesisten im operativen und intensivmedizinischen Bereich.
Trotz des hohen Standards in der Herstellung von Blutkonserven sind mit der Transfusion von Fremdblut erhebliche Risiken für den Empfänger verbunden. Am meisten in das Bewußtsein gerückt ist die Krankheitsübertragung, wobei die Übertragung von AIDS zwar gegeben ist, aber sicher überschätzt wird. Nach Einführung des routinemäßigen HIV-Antikörpertests seit Mai 1985 muß heute in der Bundesrepublik nur noch mit etwa 4–6 nicht erkannten und damit nicht ausgesonderten Spenderkonserven pro Jahr gerechnet werden.
Weitaus gravierender ist das bis heute ungelöste Problem der Non A/Non B-Transfusionshepatitis, durch die heute noch mehr als 3000 chronisch aktive bzw. leberzirrhotisch verlaufende Erkrankungen pro Jahr hervorgerufen werden. Wenn auch durch ein gestuftes Konzept zur autologen Transfusion, wie Hämodilution, maschineller Autotransfusion, Plasmapherese und Eigenblutspende eine Risikominderung erzielt werden kann, so wird doch die homologe Spende von Blut und Blutderivaten unverzichtbar bleiben.
Im folgenden soll auf die fünf transfusionsmedizinischen Konzepte der Komponententherapie eingegangen werden.

Grundlagen: Interventionsschwellen und Regenerationsfähigkeit

Interventionsschwellen

Toleranzgrenzen, Kompensationsmöglichkeiten und Regenerationsfähigkeit für die verschiedenen Blutbestandteile sind ebenso unterschiedlich wie die individuellen Risikofaktoren des Patienten und die Qualität von Blut und Blutbestandteilen.

Die Interventionsschwellen für die Substitutionsbehandlung bei Blutverlust zeigt das folgende Schema nach Bucher:
Bei akutem Blutverlust ist der Volumenausgleich spätestens ab 20% Verlust des zirkulierenden Blutvolumens dringend erforderlich. Dies geschieht in der Regel mit kristalloiden oder auch kolloidalen Substanzen, also Blutersatzmitteln. Erythrozyten sind in der Regel erst bei mehr als 30% Blutverlust angezeigt. Als Interventionsschwelle gilt ein HK von 35% (Lundsgaard-Hansen) bzw. ein Hb von 7 g% (Wallace).
Störungen des onkotischen Drucks sind erst bei einem Blutverlust von 40–50% zu erwarten, da sich 30–50% des Gesamtalbumins extravasal befindet und von dort in kurzer Zeit ins Blut diffundiert. Als Interventionsschwelle gilt ein GE von < 5,2 g/l.
30–40% der normalen Gerinnungsaktivität ist ausreichend, um chirurgisch oder traumatisch bedingte Blutungen zu beherrschen. Dies entspricht einem Blutverlust von mehr als 60%. Auf eine zusätzliche extravasale Reserve kann der Organismus dabei nicht zurückgreifen. Dagegen stellen Knochenmark und Milz ein erhebliches Thrombozytenreservoir dar, aus dem bis zu 45% der zirkulierenden Thrombozyten schnell ersetzt werden. Daher ergibt sich die Notwendigkeit zur Thrombozytensubstitution erst nach einem Blutverlust von mehr als 85%, wenn nicht Thrombozytenfunktionsstörungen hinzukommen oder infolge Milzruptur etc. das Thrombozytenreservoir nicht in vollem Maß zur Verfügung steht. Mit Thrombozytenfunktionsstörungen ist vor allem bei bestimmten Antirheumatika, Antibiotika (Penicilline), Anästhetika, bei Urämie und extrakorporalem Kreislauf zu rechnen.
Die Interventionsschwelle für die Substitution von Thrombozyten in Form von Frischblut oder Thrombozyteneinheiten wird sehr unteschiedlich beurteilt. Die Literaturangaben schwanken zwischen 20–100000/µl. Bei weitgehend normalisierter plasmatischer Gerinnung durch Transfusion von Frischplasma traten relativ häufig Blutungskomplikationen bei massiv transfundierten Polytraumatisierten auf, sobald die Thrombozytenwerte unter 65000/µl fielen (Miller). Bei Thrombozytenfunktionsstörungen wie nach koronaren Bypass-Operationen sind auch schon Thrombozytenwerte von 80000/µl therapiebedürftig.

Regenerationsfähigkeit

Für die Transfusionsbehandlung nach Überwindung der akuten Situation spielt die Regenerationsfähigkeit des Organismus eine wesentliche Rolle. Die Neubildung von Erythrozyten und Albumin erfolgt selbst im aktivierten Zustand langsam.
Bei entsprechendem Mangel ist ihre Substitution auch nach Beherrschung der akuten Situation angezeigt. Allerdings sind 10–11 g% Hämoglobin und 6 g Eiweiß in der Regel als obere Grenzwerte für die Hämotherapie anzusehen. Durch weitere Auftransfusion wird die Wundheilung durch Steigerung von O_2-Transport und O_2-Abgabe nicht verbessert. Die „Kosmetik" der Blutwerte steht

aber in keinem Verhältnis zu den Nebenwirkungen dieser Therapie. Darüber hinaus werden körpereigene Regulationsmechanismen gehemmt. Die schnelle Neubildung von Gerinnungsfaktoren und Thrombozyten innerhalb von Stunden macht bei fehlender klinischer Dringlichkeit, z. B. Abwesenheit von Zeichen hämorrhagischer Diathese auch bei erniedrigten Laborwerten keine Substitution erforderlich.

Risikofaktoren

Für die optimale Hämotherapie gilt es, allgemeine transfusionsmedizinische Gesichtspunkte auf die speziellen Bedürfnisse des Patienten abzustimmen. Es ist Aufgabe des Klinikers, bestimmte Risikofaktoren zu erkennen und entsprechend der klinischen Situation des Patienten zu berücksichtigen.
- Im Alter verschlechtern sich Durchblutung und O_2-Aufnahme der Gewebe. Die Volumenbelastbarkeit nimmt ab, die vaskuläre hämorrhagische Diathese zu.
- Kachexie geht mit geringerer Kompensations- und Regenerationsfähigkeit aller Blutbestandteile einher.
- Kurz vor Ende der Schwangerschaft sind Frauen bei einem Hb-Wert von 8–9 g% gefährdet, ein Wert von 11 g% sollte angestrebt werden.
- Volumenüberlastung bei hypovolämisch schwer polytraumatisierten Patienten kann eintreten bei vorher normaler Herzfunktion insbesondere aber bei vorbestehender koronarer Herzerkrankung.
- Bei thorakalen Eingriffen, insbesondere mit Massivtransfusionen, kommt es zum Abfall des pCO_2.
- Thrombozytenabfall und -funktionsstörung durch extrakorporalen Kreislauf.
- Bei mangelhafter Leber- und/oder Nierenfunktion wirken sich die lagerungsbedingten metabolischen Veränderungen von Blutkonserven am ehesten aus.
- Die Gefährdung durch Massivtransfusion liegt im wesentlichen in der auslösenden Ursache (Polytrauma, Aortenaneurysma) bzw. in den Begleitumständen wie Schwere und Dauer des Schocks, nicht so sehr in den lagerungsabhängigen Veränderungen massenhaft verabreichter Blutkonserven.

Blutkomponenten

Gezielte Hämotherapie bedeutet im wesentlichen die Transfusionsbehandlung mit Blutkomponenten.
Voll- und Frischblut unterscheiden sich nur durch die Lagerungsdauer. Beide stellen das unbehandelte Rohprodukt für die weitere Fraktionierung dar.
Unter den Fraktionen gibt es:
- mehr oder weniger reine Erythrozytenpräparate
- Thrombozyteneinheiten

- Leukozytenkonzentrate
- Gefrierplasma
- Gerinnungsfaktoren
- Albumin
- Immunglobuline

Aufgrund von unterschiedlich langer Lagerung, differentem Hämatokrit, Anteil von Thrombo- bzw. Leukozyten, Mikroaggregatbildung bzw. Freisetzung lysosomaler Enzyme, Verlust an plasmatischen Gerinnungsfaktoren sowie Sinken des ATP und 2,3-Diphosphoglyzeratgehaltes in den zur Verfügung stehenden erythrozytenhaltigen Bluteinheiten ergeben sich für die verschiedenen Blutkomponenten Vor- und Nachteile, die sich für die Indikationsstellung folgendermaßen auswirken:

Frischblut, vor allem als Warmblut, ist durch den Gehalt an Thrombozyten und Gerinnungsfaktoren, gute Fließeigenschaften und Fehlen von Lagerungsveränderungen besonders für die Behandlung der chirurgischen Blutung infolge Thrombozytopenie oder -pathie geeignet. Im Gegensatz zur Therapie mit Blutkomponenten sind die Hauptziele der Transfusionstherapie mit Vollblut die gleichzeitige Volumensubstitution, Erhöhung der Sauerstofftransportkapazität und der Ersatz von Gerinnungsfaktoren. Neben dieser allgemeinen Indikation ist die vorhersehbare von der unvorhersehbaren Gabe für Frisch- oder Warmblut zu unterscheiden. Bestimmte elektive chirurgische Eingriffe lassen einen perioperativen Blutverlust erwarten, der neben der Bereitstellung von Erythrozytenkonzentraten auch die vorsorgliche Einbestellung von Frischblutspendern empfehlenswert erscheinen läßt. Neben neurovaskulären und herzthoraxchirurgischen Eingriffen sind dies insbesondere bestimmte Eingriffe der Abdominalchirurgie (z. B. abdominosakrale Rektumamputation) und in der Orthopädie (Hüftgelenksendoprothesenwechsel oder Operationen und der Wirbelsäule mit Knochenspananlagerungen). Für solche Operationen liegen Empfehlungen vor, ab dem wievielten Erythrozytenkonzentrat Frischblut oder besser noch Warmblut transfundiert werden soll. Der Indikationsbereich für Frischblut liegt also in erster Linie bei der Massivtransfusion.

Nicht vorhersehbare Indikationen für den Einsatz von Frisch-/Warmblut betreffen den vielfach verletzten Patienten. Durch den Einsatz von Blutersatzmitteln, häufig schon am Unfallort als initiale Schockbehandlung, und durch den gleichzeitig fortgesetzten Blutverlust kommt es zur Hämodilution. Transfusionen von mehr als 6 bis 8 Erythrozytenkonzentraten senken die Plättchenkonzentration des peripheren Blutes auf Werte unter $100000/\mu l$. Nach mehr als 12 bis 14 Einheiten Blut kommt es zur pathologischen Veränderung der Blutungszeit. Die transfusionsbedingte Thrombozytopenie kann auch nicht dadurch verhindert werden, daß nur Ery-Konzentrate in Verbindung mit albuminhaltigen Pufferlösungen eingesezt werden. Die Korrektur dieser Störung erfordert den Einsatz nativer Thrombozyten in Form von Frischblut, plättchenreichem Plasma oder von Plättchenkonzentraten. Die Kombination einer Einheit Frischblut mit 4–5 Ery-Konzentraten hat sich als hämostatisch ausreichend erwiesen.

Die Indikation zur Frisch-/Warmbluttransfusion muß unter Abwägung der Vor- und Nachteile erfolgen. Es handelt sich um mangelhaft untersuchtes Blut mit erhöhtem Infektionsrisiko. Die übrigen Nachteile von Frischblut entsprechen denen von Vollblut. Vor allem die Volumenbelastung ist hier zu nennen.
Erythrozyten-Konzentrate bewirken eine geringere Volumenbelastung bzw. sind pro Volumeneinheit als Erythrozytenersatz wesentlich wirksamer. Durch geringen Plasmagehalt sind sie „gerinnungsneutraler" als Vollblut. Durch Entfernung des Buffy-Coat sind Mikroaggregatbildung, lysosomale Enzyme, Anhäufung von Stoffwechselmetaboliten und Immunisierungsgefahr bzw. Nebenreaktionen deutlich geringer als bei Vollblut.

In *plättchenreichen Plasmen* (PRP) weisen Thrombozyten die beste Funktion auf und sind gegenüber Lagerungseinflüssen am wenigsten anfällig. Darüber hinaus stellen PRP Frischplasmen dar, die auch nach Lagerung über 3–5 Tage noch gute Gerinnungsaktivität besitzen, so daß sie sich auch infolge schneller Verfügbarkeit für die operative Medizin besonders eignen. Eine therapeutisch effektive Dosis besteht beim Erwachsenen in 4 PRP.

Thrombozytenkonzentrate (THKZ) enthalten im allgemeinen die Thrombozyten von 4–6 PRP und werden unter erheblichem Aufwand von einem Blutspender hergestellt. Je nach Zellseparationsmethode ist die Thrombozytenfunktion der von PRP mehr oder weniger deutlich unterlegen. Der Aufwand des Verfahrens rechtfertigt im allgemeinen nicht die Lagerung der Präparate. Werden diese Einzelspenderpräparate dagegen randomisiert eingesetzt, kann der Therapieerfolg infolge Immunisierung des Patienten ausbleiben. Diese Möglichkeit kann beim polytransfundierten Patienten schon nach 2–3 Wochen eintreten. Daher werden Thrombozytenkonzentrate meist frisch für die HLA-kompatible chronische Transfusionstherapie von Patienten mit Knochenmarksaplasie verwendet. In der operativen Medizin eignen sich die THKZ am ehesten zur gezielten und kontrollierten präoperativen Vorbereitung von thrombozytopenischen Patienten.

Die Vorteile von *Gefrierplasma* liegen auf der Hand. Alle Gerinnungsfaktoren sowie Inhibitoren sind annähernd in Normalverteilung wie im Frischblut vorhanden. Die Risiken sind aber infolge Lagerung und Vollständigkeit der Untersuchungsergebnisse deutlich geringer als bei Frischblut. Gegenüber gepoolten Gerinnungspräparaten zeichnet es sich durch das niedrigere Hepatitisrisiko aus. Das HIV-Restrisiko, z. B. durch frisch infizierte, noch seronegative Heterosexuelle ist in der gleichen Häufigkeit anzunehmen wie bei Ery-Konzentraten.

Zusammenfassung

– Die angestrebte therapeutische Wirkung von Blut ist in der Regel an einzelne Blutbestandteile geknüpft. Die Besserung von O_2-Aufnahme, -transport und -abgabe an das Gewebe ist der bei weitem häufigste angestrebte Effekt.
– Der Organismus zeigt sehr individuelle und für die einzelnen Blutbestandteile unterschiedliche Toleranz-, Kompensations- und Regenerationsfähigkeit.

- Die Übertragung von Blut und Blutderivaten birgt eine Reihe von Risiken und Nebenwirkungen in sich. Diese sind für die einzelnen zur Verfügung stehenden Blutkomponenten unterschiedlich.
- Individuelle Risikofaktoren des Patienten erhöhen die allgemeinen Gefahren der Bluttransfusion und erfordern eine besonders gezielte Substitution der fehlenden Blutbestandteile.

Eine strenge Indikationsstellung ist oberstes Gebot!

Diskussion

Pollmann:

Präoperative Untersuchungen des Gerinnungsstatus sind wesentlich, um nicht z.B. einen Patienten mit einem Willebrand-Jürgens-Syndrom vorzufinden, bei dem perioperativ Blutderivate verabreicht werden müssen; bei vorheriger Kenntnis hätte man mit dem virussicheren DDAVP therapieren können. Welche Gerinnungsuntersuchungen sind heute präoperativ erforderlich, worauf kann man verzichten?

Hartenauer:

Ich kann nur über das Vorgehen in unserer Klinik berichten, die sorgfältige Erhebung der Anamnese, eine klinische Untersuchung und PTT-Bestimmung sind erforderlich. Sind keine anamnestischen Auffälligkeiten – auch nicht in der Familienanamnese – festzustellen, so ist in der Regel die Thrombozytenzählung ausreichend. Bei Patienten mit entsprechenden Vorerkrankungen, die entweder nach einem Trauma zur primären operativen Versorgung oder zur sonstigen operativen Versorgung auf die Intensivstation kommen, wird dieses Spektrum durch die Bestimmung der Thrombinzeit, des Fibrinogens und gelegentlich auch durch die Bestimmung der Fibrin-Spaltprodukte erweitert.

Petersen:

Nach meinem Eindruck stellen Sie die Indikation für Frisch- und Warmblutspenden recht breit. Halten Sie es nicht für besser, auf Frisch- und Warmblut – vor allem auf nicht untersuchtes Warmblut – zu verzichten und stattdessen die Kombination von Ery-Konzentraten, Frischplasma und von thrombozytenreichem Plasma oder konventionelle Thrombozytenkonzentrate zu verwenden? Hierdurch gehen Sie dem Risiko der Transfusion nicht untersuchter Konserven aus dem Wege.

Hartenauer:

Falls der Eindruck entstanden sein sollte, daß wir ziemlich unbedenklich und großzügig Frischblut verabreichen, möchte ich dies korrigieren. Es gibt aber Situationen – nach eigenen klinischen Erfahrungen z.B. beim zweiten oder dritten Wechsel einer Hüftgelenkendoprothese –, bei denen man auf Frisch- oder Warmblut nicht verzichten kann. In diesen Situationen – nachdem bereits sehr viele Erythrozytenkonzentrate verabreicht wurden – bittet sie der Chirurg etwas zur Verbesserung des hämostatischen Potentials zu tun; in der Regel ist es dann nicht möglich, rasch Thrombozytenkonzentrate oder plättchenreiches Plasma zu erhalten. Hier besteht eine vitale Indikation; das Risiko möglicherweise kontaminierte Konserven zu übertragen, muß eingegangen werden.

Petersen:

Die Logistik einer Blutbank erlaubt die Bevorratung von plättchenreichem Plasma auf Abruf. Falls sich nach der Gabe des 20. oder 25. Erykonzentrates (nicht des 100. Konzentrates – das ist zu extrem) die Notwendigkeit ergibt, können weitere Spender einbestellt werden, das Ergebnis der Untersuchung kann abgewartet werden. Ich kenne keinen Fall, bei dem die Übertragung von nicht-untersuchtem Blut vital indiziert und lebensrettend war. Das eben skizzierte Konzept von Gill ist m. E. die bessere Alternative als das Einbestellen von Warmblutspendern, von denen keine Untersuchungsergebnisse vorliegen. Falls es einmal zu einer HIV-Übertragung durch eine Warmblutspende kommen sollte, sind die juristischen Folgen nicht abzusehen.

Stöckle:

Ist es in einem kleinen Krankenhaus, z. B. bei einem Prothesenwechsel, statthaft, bei Thrombopathien oder Thrombopenien vorübergehend Fibraccel zu verabreichen? Liegen hierzu Erfahrungen vor?

Hartenauer:

Ich kann über keine eigenen Erfahrungen berichten. Vielleicht weiß Herr Pollmann etwas hierüber.

Pollmann:

Wir haben vor einigen Jahren Untersuchungen bei Thrombozytopathien – nicht bei Thrombopenien – mit Fibraccel gemacht. Bei Thrombopenien ist die Anwendung dieses Präparates meines Erachtens aussichtslos, da keine Thrombozyten vorhanden sind. In dieser Situation kann dieses Phospholipid keine Thrombozytenaggregation hervorrufen. Aber auch bei Thrombozytopathien sind Wirkungen des Fibraccel – auch nach iv-Verabreichung höchster Dosen – gering bis nicht nachweisbar.

Stöckle:

Muß also auch ein kleines Krankenhaus plättchenreiches Plasma vorrätig halten? Wie lange dauert die Anlieferung, wenn die nächste Blutbank 150 km entfernt ist?

Hartenauer:

Das hängt entscheidend von Ihrem operativen Spektrum ab.

Stöckle:

Vor allem bei polytraumatisierten Patienten.

Lefèvre:

Zum Beispiel sind in der Blutbank in Münster stets Thrombozytenkonzentrate vorrätig. Sie stehen auf Abruf zur Verfügung, die Dauer des Transportes ist natürlich zu beachten. Derartige Konzentrate stehen nicht in unbegrenzter Menge für jede beliebige Blutgruppe zur Verfügung, sind aber jederzeit abrufbereit.

Maass:

Man braucht also nicht auf Präparate fraglicher Wirksamkeit auszuweichen, wie vorhin erwähnt wurde?

Lefèvre:

Wegen der vorhandenen Lagerbestände ist das nicht erforderlich. Ich darf vielleicht darauf hinweisen, daß die Nachfrage nicht groß ist, so daß diese Konzentrate größtenteils verfallen. Die Lagerung erfolgt bei Zimmertemperatur bis zu 3, höchstens 4 Tagen.

Loog:

Nach unseren Erfahrungen werden diese plättchenreichen Plasmen oder Thrombozytenkonzentrate bei Anforderung morgens um 8 Uhr erst um 15 Uhr angeliefert. Wenn ein polytraumatisierter Patient um Mitternacht eingeliefert wird, wissen wir nicht, wie die Zeit zum folgenden Nachmittag überbrückt werden soll.

Lefèvre:

Diese Schwierigkeiten beruhen wahrscheinlich darauf, daß Sie am gleichen Tag hergestellte Produkte anfordern; der Herstellungsprozeß dauert bis etwa 15 Uhr. Falls Sie Produkte verwenden können, die am Vortag hergestellt wurden, kann die Anlieferung sofort erfolgen. Da die Wirksamkeit der Produkte kontinuierlich abnimmt, ist ihre Wirksamkeit geringer als die der am gleichen Tag hergestellten.

Virusinfektionen durch Übertragung von Blut und Plasmaprodukten

M. Roggendorf

Einleitung

Einige Erreger, Viren, Bakterien und Protozoen kommen passager oder permanent im Blut vor und können bei Bluttransfusionen bzw. therapeutischer Anwendung von Plasmaprodukten übertragen werden (Tabelle 1). Zu den Viren, die nicht zellständig im Blut vorkommen, gehören das Hepatitis B Virus (HBV), Hepatitis Delta Virus (HDV), die Erreger der parenteralen Hepatitis Nicht-A/Nicht-B (HNANB-P) und in seltenen Fällen das Hepatitis A Virus (HAV). Eine zweite Gruppe von Viren kommt sowohl in Zellen des Blutes als auch im Plasma vor. Das Cytomegalievirus (CMV) kann in Monozyten persistieren. Das Epstein Barr Virus (EBV) wird durch B-Lymphozyten übertragen, HTLV I, II und HIV-1 und -2 werden durch T-Lymphozyten übertragen. Zu dieser Gruppe gehört auch das Parvovirus B19, das sowohl frei im Plasma als auch in Erythroblasten vorkommt.

Zu den Infektionen, die selten durch Blut oder Plasma übertragen werden, gehören *Treponema pallidum,* Malaria, Mikrofilarien, Trypanosomen und *Babesia microti* sowie Bakterien.

Tabelle 1. Erreger, die durch Blut und Plasmaprodukte übertragen werden

Hepatitis B Virus (HBV)
Hepatitis Delta Virus (HDV)
Hepatitis Nicht-A/Nicht-B (HNANB)
Hepatitis A Virus (HAV)

Cytomegalievirus (CMV)
Epstein Barr Virus (EBV)
HIV I, II; HIV-1, HIV-2
Parvovirus (B19)

Treponema pallidum
Malaria
Microfilaria
Trypanosomiasis
Babesia microti
Bakterien

Hepatitis B Virus

Vor dem routinemäßigen Screening von Blutkonserven auf HBsAg wurden ca. 60% der Posttransfusionshepatitiden durch das HBV ausgelöst [2]. Durch die obligatorische Testung von Blutkonserven auf HBsAg konnte der Anteil der HBV assoziierten Posttransfusionshepatitiden unter 10% gesenkt werden [1,3]. Insgesamt liegt das Infektionsrisiko mit HBV nach einer Bluttransfusion bei 0,5-1%. Der verbleibende Rest von HBV assoziierten Transfusionshepatitiden hat zwei Ursachen. Zum einen kann die Hepatitis B (HB) durch Blutkonserven von sogenannten "low level carriers" übertragen werden. Dabei handelt es sich um Virusträger, bei denen das HBV in Konzentrationen vorliegt, die mit den üblichen hochempfindlichen RIAs nicht gemessen werden können. Die genaue Zahl solcher „HBsAg negativen Blutspender" ist nicht bekannt. Ihre Häufigkeit wird auf etwa 0,6% geschätzt, basierend auf einer Infektionsrate von 3% bei Empfängern von 1-5 Blutkonserven [1].

Neuere Untersuchungen zum Nachweis von HBV DNA in Serum und Leber von Patienten mit chronischer Hepatitis ohne serologische Marker einer akuten oder chronischen Hepatitis B - z.B. HBsAg, anti-HBc - machen es wahrscheinlich, daß es neben den bisher genau charakterisierten (z. B. durch DNA-Sequenzanalyse) vielleicht noch andere HBV Varianten gibt, deren Epitope mit den üblichen serologischen Tests nicht erfaßbar sind [5, 17]. In der Tabelle 2 sind die Ergebnisse einer Studie von Brechot zusammengefaßt. Insgesamt konnte bei 10 von 105 Patienten ohne Marker einer chronischen Hepatitis B HBV DNA im Serum nachgewiesen werden. In Schimpansen-Versuchen konnte gezeigt werden, daß solche HBV DNA positive Seren eine Hepatitis auslösen können [32]. Mit monoklonalen Antikörpern gegen das HBsAg kann in Akutphaseseren dieser Schimpansen auch ein Virushüllprotein nachgewiesen werden, das mit dem HBsAg gemeinsame Epitope besitzt (Abb. 1).

Nach Infektion mit dem noch nicht charakterisierten „HBV ähnlichen Virus" konnte mit einem „normalen" HBV eine Hepatitis B ausgelöst werden. Es besteht keine Kreuzimmunität. Die Schimpansen, die mit dem Hepatitis B Impfstoff immunisiert worden waren, waren nicht gegen eine Infektion mit dem HBV verwandten Virus geschützt (Abb. 2). Zur Zeit wird versucht, dieses

Tabelle 2. Nachweis von HBV DNA bei Patienten mit chronischer Hepatitis ohne serologische Marker einer chronischen Hepatitis B

Gruppe	Anzahl	Antikörper		HBV DNA
		Anti-HBc	Anti-HBs	
1. Chronische	11	+	−	0
Lebererkrankung	39	+	+	4*
(n = 105)	2	−	+	0
	53	−	−	6*
2. Kontrollen (n = 100)	100	−	−	0

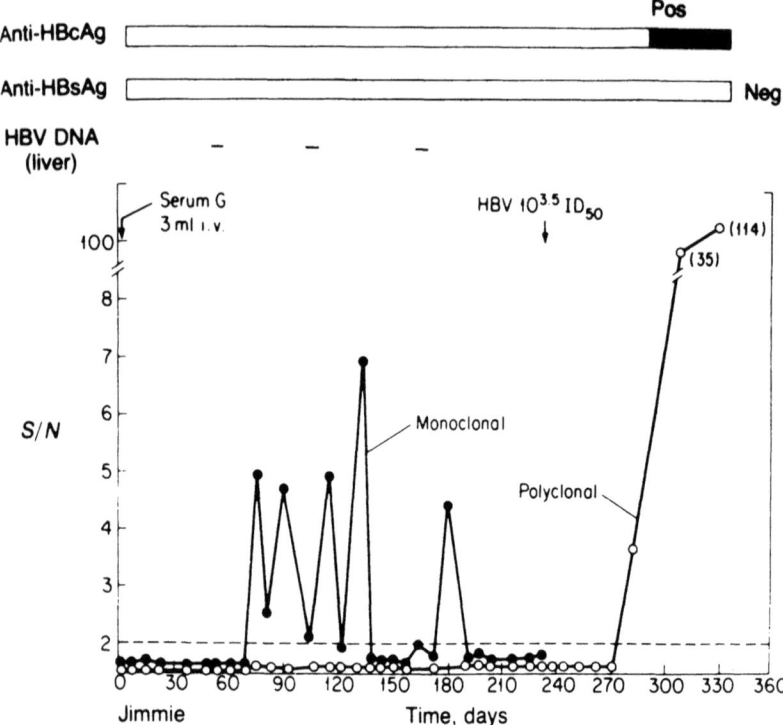

Abb. 1. Infektion eines Schimpansen mit einem Serum eines Patienten mit chronischer Hepatitis ohne typische Marker einer HBV Infektion

„HBV ähnliche Virus" zu klonieren, seine Proteine zu charakterisieren und seine Verwandtschaft zum HBV zu klären. Zusätzliche Studien sind notwendig, um aufzuzeigen, wie häufig solche aberranten Hepatitis B Viren vorkommen und welche Rolle sie bei der Übertragung der Posttransfusionshepatitis spielen. Durch die Möglichkeiten der prophylaktischen aktiven Impfung gegen HBV Infektionen wird sich das Risiko, eine HBV Infektion durch Blutkonserven oder Plasmaprodukte zu übertragen, noch weiter verringern. Ein Problem der HBV Impfung besteht darin, daß gerade bei Risikogruppen, z. B. Dialysepatienten und Tumorpatienten, eine schlechte Immunantwort gegen die HBV Vakzine beobachtet wurde. In Untersuchungen, die an unserem Institut und in anderen Zentren durchgeführt wurden, konnte gezeigt werden, daß nur ca. 60% der Dialysepatienten eine anti-HBs Antwort nach Impfung aufzeigen [30]. Zur Zeit wird versucht, durch eine Veränderung des Impfschemas und durch zusätzliche Impfungen die Serokonversionsrate in der Gruppe zu erhöhen. Die passive

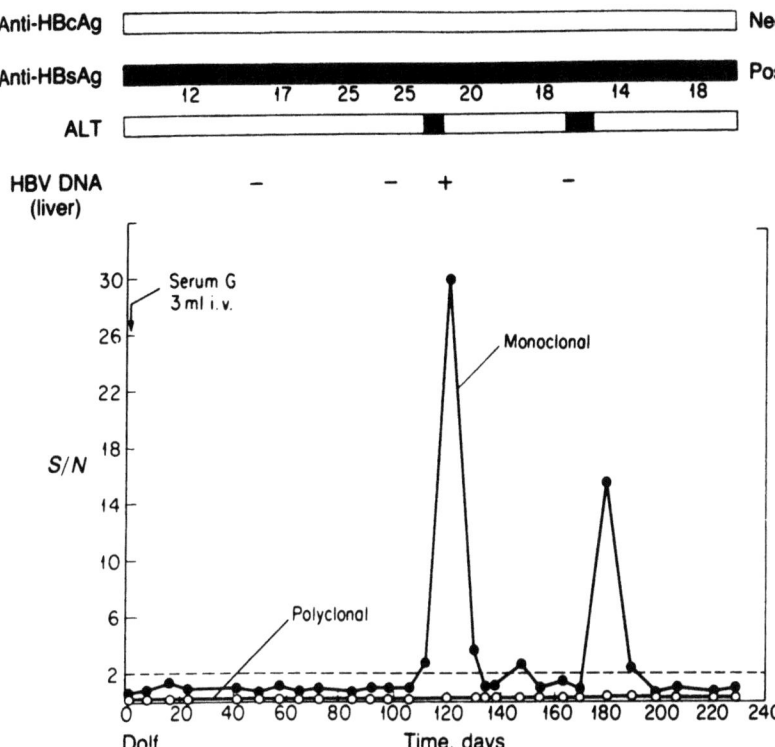

Abb. 2. Infektion eines mit HBsAg immunisierten Schimpansen mit dem gleichen Inokulum wie in Abb. 1

Prophylaxe der Posttransfusionshepatitis durch HBV hat sich in zwei Doppelblindstudien als nicht wirksam zur Verminderung der Inzidenz der HBV Infektion erwiesen [15, 27]. Hepatitis B Hyperimmunglobulin (HBIG) ist heute nur noch als aktiv/passive Prophylaxe nach Exposition mit dem HBV indiziert [35]. Bis vor kurzem wurden Impfstoffe gegen die Hepatitis B aus Plasmen von chronischen Trägern des HBsAg hergestellt, inzwischen haben gentechnologische Impfstoffe mit HBsAg, das in Hefezellen hergestellt wurde, Eingang in die Impfpraxis gefunden [12]. Impfstudien zeigen, daß der rekombinante Impfstoff aus Hefe eine gleich gute Konversionsrate und gleich hohe Antikörperkonzentrationen ergibt wie der Impfstoff aus Plasma [12]. Dieser neue Impfstoff hat, abgesehen von einer auf lange Sicht kostengünstigen Produktion, den Vorteil, daß er nicht aus humanen Plasmen hergestellt ist und damit Erreger mit Sicherheit nicht übertragen werden können.

Hepatitis A Virus

Die Infektiosität von Seren von Patienten mit akuter Hepatitis A konnte in einer Studie von Havens gezeigt werden [10]. Die Infektiosität beginnt ca. 2 Wochen vor dem Beginn der klinischen Symptomatik. Die Übertragung der Hepatitis A durch Blutkonserven ist in Einzelfällen beschrieben worden, hat aber geringe praktische Bedeutung [26, 28]. Da die Hepatitis A nie chronisch verläuft, kommen chronische Dauerausscheider als Infektionsquellen nicht in Frage.

Delta Hepatitis Virus

Das Delta Hepatitis Virus (HDV) wurde von M. Rizzetto mit immunfluoreszenz-serologischen Methoden in Leberzellen von Patienten mit chronischer Hepatitis B entdeckt [20]. Es ist ein inkomplettes Virus mit einem Durchmesser von 36 nm, das zu seiner Vervollständigung das Oberflächenantigen des HBV (HBsAg) benötigt. Das Genom des HDV ist eine zirkuläre RNA von ca. 1769 Nukleotiden. Der Replikationsmechanismus des HDV ist bisher nicht bekannt. Die RNA wurde mit einer reversen Transkriptase in eine komplementäre DNA (cDNA) umgeschrieben, kloniert und sequenziert [33]. Die Nukleotidsequenz zeigt keine Homologie mit der HBV DNA. In Infektionsexperimenten mit Schimpansen konnte gezeigt werden, daß für die Replikation des HDV das HBV als "helper virus" notwendig ist. Es gibt prinzipiell zwei Möglichkeiten der HDV Infektion:
1. eine simultane Infektion von HBV und HDV, die ähnlich wie eine Hepatitis B verläuft.
2. eine Infektion von HBsAg Trägern mit dem HDV (Abb. 3).

Diese Superinfektion geht häufig mit einer schweren Exazerbation der chronischen Hepatitis B einher [29]. Im Serum dieser Patienten können bis zu 10^{11} infektiöse Partikel nachgewiesen werden, d.h. Seren von Patienten mit einer chronischen HDV Infektion sind im hohen Grade infektiös, auch geringe Kontaminationen können zu einer Infektion führen. Epidemiologische Untersuchungen zeigen, daß es regional große Unterschiede in der Durchseuchung mit dem HDV gibt. In Süditalien, dem Nahen Osten (Kuweit, Saudi Arabien) in Rumänien, der UDSSR wurden Durchseuchungen von 10–90% gefunden und in einigen Ländern Südamerikas (z.B. Venezuela) lokal begrenzte Epidemien beschrieben [21]. In Mittel- und Nordeuropa und in den USA sind HDV Infektionen in der allgemeinen Bevölkerung selten [24]. Risikogruppen für HDV Infektionen in diesen Regionen sind Hämophiliepatienten und Drogenabhängige. In der BRD konnte bei 40% der Drogenabhängigen und 50% der Hämophiliepatienten, die HBsAg Träger sind, anti-HD nachgewiesen werden (Tabelle 3). Als Infektionsquellen für die HDV Infektion bei Hämophiliepatienten kommen Blut und Blutprodukte in Frage. Aufgrund der hohen Partikelzah-

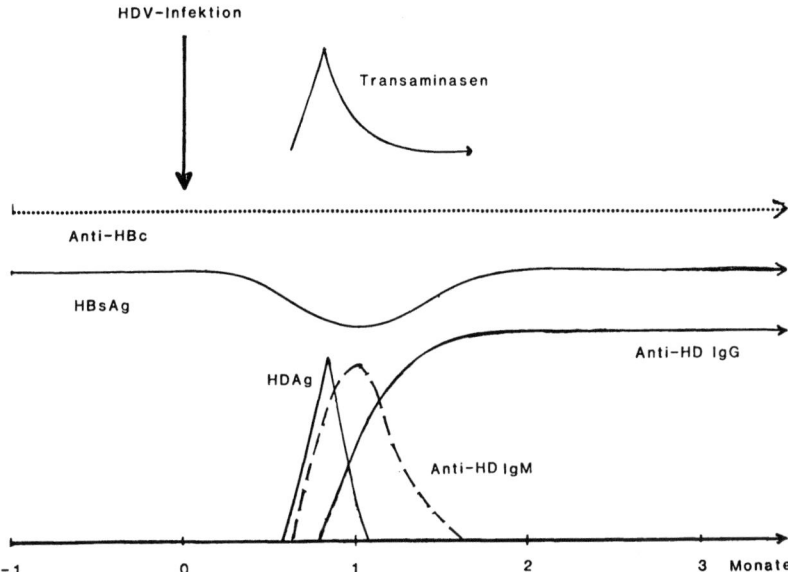

Abb. 3. Schematischer Verlauf einer Hepatitis Delta Virus Superinfektion eines HBsAg Trägers

Tabelle 3. Häufigkeit der Hepatitis D in verschiedenen HBsAg Trägergruppen

	Anzahl	Anzahl positiv anti-HD	
Blutspender	301	1	(0.3)*
Hämodialyse Patienten	298	2	(0.6)
Patienten mit akuter Hepatitis B	203	0	(0)
Patienten mit chronischer Hepatitis B	220	6	(2.7)
CPH	33	0	
CAH	47	0	
Zirrhose	45	4	
Chronische Hepatitis ohne histologische Diagnose	95	2	
Drogenabhängige	13	5	(38)
Hämophilie Patienten	16	8	(50)
Gesamt	1051	22	(2.1)

*Prozent positiv

len des HDV im Serum während der akuten Phase der Infektion sind solche Kontaminationen leicht möglich.

Hepatitis Nicht-A/Nicht-B

Heute werden eine parenteral übertragene Hepatitis Nicht-A/Nicht-B (HNANB-P) und eine fäkal-oral übertragene Hepatitis Nicht-A/Nicht-B (HNANB-E), die häufig epidemisch auftritt, unterschieden.
Die HNANB-P wurde in der Mitte der 70er Jahre als eine Infektionskrankheit erkannt, die in erster Linie mit Bluttransfusionen assoziiert war. Zirka 90–95% der Posttransfusionshepatitiden werden heute durch die Erreger der HNANB-P verursacht. Posttransfusionshepatitiden durch CMV oder EBV sind eher selten. Die Häufigkeit der Posttransfusionshepatitis als HNANB-P ist abhängig von der Auswahl der Spender. In den USA erkrankten bei freiwilligen Blutspendern 6–7% der Empfänger an einer HNANB-P, während 17–35% von Empfängern kommerzieller Blutspenden an einer HNANB erkrankten [1, 9, 27].
Der Anteil der HNANB-P an der Gesamtzahl der Hepatitiden ist von Land zu Land verschieden. In den USA beispielsweise sind 50% der Hepatitiden durch HBV, 25% durch HAV und weitere 25% durch HNANB verursacht [8]. In der Bundesrepublik sind etwa 70% der registrierten Hepatitiden auf eine Infektion dem HBV, 15% auf eine Infektion mit HAV und 15% mit einer Infektion des Erregers der HNANB-P zurückzuführen [13]. Die Angaben über chronische Verläufe der HNANB-P sind von Studie zu Studie verschieden. In einigen Studien wurden bis zu 50% chronische Verläufe der HNANB beobachtet [22]. Das histologische Bild einer HNANB-P ist eher das einer chronisch persistierenden Hepatitis. Nur ca. 10% der chronischen HNANB gehen in eine Zirrhose über. Langzeitprognosen von chronisch infizierten Patienten sind nicht bekannt, aber biochemische Parameter zeigen, daß die chronischen Entzündungzeichen mit der Zeit abnehmen. Die chronische HNANB-P ist durch eine starke Fluktuation der Leberenzymwerte charakterisiert. Die Häufigkeit des chronischen Verlaufs ist bei sporadischen Fällen der HNANB-P viel geringer und liegt bei ca. 7% [14].
In einer Studie von Hornbrook et al. konnte gezeigt werden, daß die Häufigkeit von Posttransfusionshepatitiden zu den Transaminasenwerten der Spender korreliert ist [11]. Spender mit normalen Transaminasen übertragen signifikant seltener HNANB-P als Spender mit erhöhten Transaminasen. In der BRD werden deshalb routinemäßig Transaminasebestimmungen von jeder Konserve durchgeführt.
Die HNANB wird häufig durch Plasmaderivate wie z. B. Faktor VIII, Faktor IX Konzentrate und durch Fibrinogen übertragen. In der Tat scheint jedes unbehandelte Faktor VIII oder Faktor IX Konzentrat die HNANB-P zu übertragen. Eine Inaktivierung des Erregers der HNANB-P durch Erhitzung auf 60 °C für 10 Stunden kann in vielen Fällen eine Übertragung der HNANB durch diese Plasmapräparationen verhindern.

In der serologischen Diagnostik der HNANB-P ist man trotz intensiver Bemühungen in den letzten 10 Jahren um keinen Schritt weiter gekommen. Alle publizierten Tests, ca. 50 an der Zahl, haben sich bisher als unspezifisch erwiesen. Aufgrund von Übertragungsversuchen von infektiösen Plasmen weiß man, daß die Erreger der HNANB-P meist nur in niederen Konzentrationen von 10^1-10^3 Partikel vorkommen. Diese Viruskonzentrationen sind nicht ausreichend, um virale Antigene mit den üblichen hochempfindlichen serologischen Tests wie Radioimmunoassay (RIA) oder Enzymimmunoassay (EIA) zu entdecken. Für den Virusnachweis mit beiden Testprinzipien müssen mindestens 10^5-10^6 Viruspartikel pro ml Serum vorhanden sein. Ein Teil der falsch positiven Ergebnisse mit publizierten RIAs oder ELISAs beruht auf einer Interferenz eines Rheumafaktors, der in der Akutphase einer HNANB auftreten kann [23].
Dieser Rheumafaktor ist allerdings nicht mit üblichen Methoden zum Nachweis von Rheumafaktoren wie Latexagglutination nachweisbar. Der Nachweis einer reversen Transkriptase Aktivität [25] in Seren aus der Akutphase einer HNANB konnte bisher von keinem weiteren Labor bestätigt werden. Derzeit bleibt für die Diagnose einer HNANB-P immer noch der Ausschluß einer HA, einer HB und einer Begleithepatitis durch CMV oder EBV.
Seit ca. 3 Jahren wird in mehreren Laboratorien intensiv versucht, mit Hilfe gentechnologischer Methoden die Erreger der HNANB-P zu identifizieren. Das Prinzip dieser Untersuchungen beruht auf einer reversen Transkription eventuell vorhandener viraler m-RNA in Hepatozyten während der Akutphase einer HNANB in eine komplementäre DNA (cDNA). Diese cDNA kann in Vektoren kloniert und deren Spezifität untersucht werden. Prinzipiell sollte es möglich sein, mit dieser Methode sowohl das Genom der Erreger der HNANB und auch die viralen Proteine zu charakterisieren. Eine spezifische Prophylaxe der HNANB durch die Gabe von Immunglobulinen hat sich bisher noch in keiner Studie als wirksam erwiesen. Solche Studien können erst dann gezielt durchgeführt werden, wenn einer der Erreger und ein entsprechender Antikörper bekannt ist.
Neben der HNANB-P, die durch Blut oder Blutprodukte übertragen wird, gibt es eine sogenannte epidemische Form der HNANB-E. Die HNANB-E wird wahrscheinlich fäkal-oral übertragen [7]. Eine Übertragung durch Blut oder Blutprodukte ist bisher nicht beschrieben worden. Die epidemische Form der HNANB ist eine akute Erkrankung, die vor allem bei jungen Erwachsenen vorkommt und besonders bei schwangeren Frauen mit einer erhöhten Mortalität, besonders im letzten Trimenon der Schwangerschaft, assoziiert ist [34]. Die Inkubationszeit der HNANB-E ist ähnlich der Hepatitis A und beträgt im Mittel 30–40 Tage. Chronische Verlaufsformen dieser epidemischen HNANB-E Form sind bisher nicht beschrieben worden. Der Nachweis, daß diese Form der HNANB-E vom HAV verschieden ist, wurde durch einen Selbstversuch bewiesen [4]. Der Freiwillige hatte einen hohen Titer von IgG Typ gegen HAV. Inzwischen konnte dieser Erreger in Marmosets erfolgreich passagiert werden.

Tabelle 4. Klinisches Spektrum der Parvovirus B19 Infektion von Patienten mit anti-B19 IgM positivem Befund

Erythema infectiosum	15
atypisches Exanthem	28
Hydrops fetalis	2
Enteritis	2
juvenile chronische Polyarthritis	1
Arthralgien	1
Anämie	1
Lymphadenitis	1
asymptomatische Infektion	1

Humanes Parvovirus B19

In den letzten Jahren sind mehrfach Infektionen mit dem humanen Parvovirus B19 durch Übertragung von Blut und Blutprodukten beschrieben worden [32]. Neben dem klassischen Erythema infectiosum [16] können eine Reihe von Krankheiten (aplastische Anämie, Hydrops fetalis, Purpura Schoenlein-Henoch) durch Parvovirus B19 Infektionen ausgelöst werden. Häufig werden bei älteren Patienten Gelenkbeteiligungen, vor allem der kleinen Gelenke, beobachtet [19]. In einer eigenen Studie haben wir das Spektrum der klinischen Manifestation der B19 Infektion untersucht (Tabelle 4) [31]. Das humane Parvovirus B19 hat eine Größe von 32 nm. Seine Dichte beträgt 1,36 bis 1,40 g/ml. Das Genom der Parvoviren ist eine doppelsträngige DNA von 5,5 Kb Länge. Eine Vermehrung der Parvoviren *in vitro* ist nur in Erythroblasten möglich. Aufgrund von Isolierungen von Rachenabstrichen kann davon ausgegangen werden, daß auch epitheliale Zellen einen Vermehrungsort des Parvovirus B19 darstellen. Die Übertragung des Parvovirus durch Blut und Blutprodukte ist deshalb möglich, da es gesunde Träger des Virus gibt, die Blut spenden und damit das Virus den Empfängern übertragen können. Bis zu 10^{10} Partikel/ml Serum werden mit Hilfe der EM gefunden. Die natürliche Inzidenz der Träger von Parvoviren ist gering. In einer Studie von Coroucé konnte gezeigt werden, daß nur 7 von ca. 23 000 Seren in der Überwanderungselektrophorese positiv für das Parvovirus waren [6], das entspricht 0,03%. Bei der Anwendung empfindlicherer Testmethoden wird dieser Prozentsatz um das 10fache höher liegen. Mortimer und Mitarbeiter konnten in einer Studie aufzeigen [16], daß Parvovirus durch Blut und Blutprodukte übertragen wird. Hämophilie-Kinder, die mit Gerinnungsfaktoren behandelt wurden, hatten in 97% der Fälle Antikörper gegen Parvorviren, Hämophilie-Kinder, die nur mit Bluttransfusionen behandelt wurden, in 36% der Fälle, und Kontrollen nur in 20% der Fälle Antikörper gegen Parvoviren. Diese Studie belegt, daß Parvovirus Infektionen in erster Linie durch Gerinnungsfaktoren übertragen werden können. Da Spender von Blut und Blutprodukten nicht routinemäßig auf Parvovirus Infektionen untersucht werden, und die notwendigen Inaktivierungsprozeduren für Parvoviren nicht bekannt sind, wird es in der Zukunft immer noch zu Parvovirus Infektionen bei

Empfängern von Blut oder Blutprodukten kommen. Nach bisher vorliegenden klinischen Untersuchungen ist die Parvovirus Infektion im allgemeinen eine relativ milde Erkrankung. Sie ist nur lebensbedrohlich für Kinder mit Sichelzellanämie, da das Parvovirus Erythroblasten infiziert und daher eine aplastische Krise auslösen kann.

Literatur

1. Aach RD, Lander JJ, Sherman LA, Miller WV, Kahn RA, Gitnick GL, Hollinger FB, Werch J, Szmuness W, Stevens CE, Kellner A, Weiner JM, Mosley JW (1987) Transfusion-transmitted viruses: interim analysis of hepatitis among transfused and nontransfused patients. In: Viral Hepatitis. Vyas GN, Dohen SN, Schmid R (eds). Franlin Institute Press Philadelphia, 383–396
2. Alter HJ, Holland PV, Purcell RH (1975) The emerging pattern of post-transfusion hepatitis. Am J Med Sci, 270: 329–334
3. Alter HJ, Purcell RH, Holland PV, Feinstone SM, Morrow AG, Moritsugu Y (1975) Clinical and serological analysis of transfusion-associated hepatitis. Lancet, ii: 838–841
4. Balayan M (1938) Non-A. Non-B hepatitis transmitted in fecal-oral route evidence for a causative agent. Intervirology, 20: 23–31
5. Brechot C, Degos F, Lugassy C, Thiers V, Zafrani S, Franco D, Bismuth H, Trepo C, Benhamou J-P, Wands J, Isselbacher K, Tiollais P, Berthelot P (1985) Hepatitis B virus DNA in patients with chronic liver disease and negative tests for hepatitis B surface antigen. New Engl J Med, 270
6. Couroucé B (1985) Viraemia with human parvovirus. Lancet, i: 1218–1219
7. Deinhardt F, Gust ID (1982) Viral hepatitis. Bulletin of the World Health Organization, 60 (5): 611–691
8. Dienstag JL, Alaama A, Mosley JW, Redeker AG, Purcell RH (1977) Etiology of sporadic hepatitis B surface antigen negative hepatitis. Ann Intern Med, 87: 1–6
9. Goldfield M, Bill J, Colosimo F (1978) The control of transfusion-associated hepatitis. In: Vyas GN, Cohen SN, Schmid R (eds). Viral hepatitis: a contemporary assessment of etiology, epidemiology, pathogenesis and prevention. Franklin Institute Press, Philadelphia, 405–414
10. Havens WP (1946) Period of infectivity of patients with experimentally induced infectious hepatitis. J Exp Med, 83: 251–258
11. Hornbrook MC, Dodd RY, Jacobs P, Friedman LI, Sherman KE (1982) Reducing the incidence of non-A, non-B post-transfusion hepatitis by testing donor blood for alanine aminotransferase. New Engl J Med, 307: 1315–1321
12. Jilg W, Lorbeer B, Schmidt M, Wilske B, Zoulek G, Deinhardt F (1984) Clinical evaluation of a recombinant hepatitis B vaccine. Lancet ii: 1174–1175
13. Kaboth U, et al. (1980) Kooperative prospektive Studie „Akute Virushepatitis" (DFG). Verh Deutsch Ges Inn Med, 86: 749–756
14. Kurhoo MS (1980) Study of an epidemic of non-A, non-B hepatitis: possibility of another human hepatitis virus distinct from post-transfusion non-A, non-B type. Am J Med, 68: 818–824
15. Knodell RG, Conrad ME, Ginsberg AL, Bell CJ, Flannery EP (1976) Efficacy of prophylactic gamma-globulin in preventing non-A, non-B post-transfusion hepatitis. Lancet, i: 557–561
16. Mortimer PP, Luban NLD, Kelleher JF, Cohen BJ (1983) Transmission of serum parvovirus-like virus by clotting-factor concentrates. Lancet ii: 482

17. Nalpas B, Berthelot P, Thiers V, Duhamel G, Couroucé AM, Tiollais P, Brechot C (1985) Hepatitis B virus multipliaction in the absence of usual serological markers. J Hepatol, 1: 89–97
18. Plummer FA, Hammond GW, Forward K, Sekla L, Thompson LM, Jones SE, Kidd IM, Anderson MJ (1985) An erythema infectiosumlike illness caused by human parvovirus infection. N Engl J Med, 313: 74–79
19. Reid DM, Reid TMS, Brown T, Rennie JAN, Eastmond CJ (1985) Human parvovorus-associated arthritis: a clinical and laboratory description. Lancet i: 422
20. Rizzetto M, Canese MG, Arico S, Crivelli O, Trepo C, Bonino F, Verme G (1977) Immunofluorescence detection of a new antigen-antibody system (delta/anti-delta) associated to hepatitis B virus in the liver and in serum of HBsAg-carriers. Gut, 18: 997–1003
21. Rizzetto M, Hoyer D, Purcell R, Gerin J (1984) Hepatitis Delta Virus Infection. In: Vyas GN, Dienstag JL, Hoofnagle J (eds). Procceedings of the 1984 International Symposium on Viral Hepatitis. Grune and Stratton, Orlando, USA, 371–379
22. Robinson W (1982) The enigma of non-A, non-B hepatitis. J Inf Dis, 387–392
23. Roggendorf M, Deinhardt F, Böhm B, Tabor E (1985) Demonstration of a transient rheumatopid factor in the acute phase of a transient rheumatoid factor in the acute phase of hepatitis non-A, non-B. J Med Virol, 15: 271–281
24. Roggendorf M, Gmelin K, Zoulek G, Woilf P, Schlipköter U, Jilg W, Theilmann L, Deinhardt F (1986) Epidemiological studies on the prevalence of hepatitis delta virus in FRG. J Hepatol, 2: 230–236
25. Seto B, Coleman WG, Iwarson S, Gerety RJ (1984) Detection of reverse transcriptase activity in association with the non-A, non-B hepatitis agent(s). Lancet ii: 941–943
26. Seeberg S, Brandberg A, Hermodsson S, Larsson P, Lundgren S (1981) Hospital outbreak of hepatitis A secondary to blood exchange in a baby. Lancet i: 1155–1156
27. Seeff LB, Wright EC, Zimmerman HJ, Hoofnagle JH, Dietz AA, Felsher BF, Garcia-Pont PH, Gerety RJ, Greenlee HB, Kiernan T, Leevy CM, Nath N, Schiff ER, Schwartz C, Tabor E, Tamburro C, Vlahcevic Z, Zemel R, Zimmon DS (1982) Posttransfusion hepatitis. 1973–1975: A veterans administration cooperative study. In: Viral Hepatitis. Vyas GN; Cohen SN, Schmid R (eds). Franklin Institute Press Philadelphia, 371–381
28. Skidmore SJ, Boxall EH, Ala F (1982) A case report of posttransfusion hepatitis A. J Med Virol, 10: 223
29. Smedile A, Verme G, Cargnel A, et al: Influence of delta infection on severity of hepatitis B. The Lancet ii: 945–947
30. Stevens CE, Alter HJ, Taylor PE, Zang EA, Harley EJ, Szmuness W, and the Dialysis Vaccine Trial Study Group. Hepatitis B vaccine in patients receiving hemodialysis. Immunogenicity and efficacy. New Engl J Med, 311: 496–501
31. Schwarz TF, Roggendorf M, Deinhardt F (1987) Prevalence of B19 infections in the FRG. Lancet i: Lancet i, 739
32. Wands J, Fujita Y, Isselbacher J, Degott C, Schellekens H, Dazza MC, Thiers V, Tiollais P, Brechot C: Identification and transmission of hepatitis B virus related variants. PNAS, 6608–6612
33. Wang KS, Choo QL, Weiner AJ, Ou JH, Najarian RC, Thayer RM, Mullenbuch GT, Denniston KJ, Gerin JL, Houghton M: Structure, sequence and expression of the hepatitis delta viral genome. Nature, 323: 508
34. Wong DC, et al (1984) Epidemic and endemic hepatitis in India: Evidence for a non-A, non-B hepatitis virus etiology. Lancet, ii: 876–879
35. Zachoval R, Jilg W, Lorbeer B, Schmidt M, Deinhardt F (1984) Passive-active immunization against hepatitis B. J Infect Dis, 150: 112–117

Diskussion

Maass:

Wir haben u.a. Angaben über die Häufigkeit der Transfusionsassoziierten Hepatitis gehört. Sind hierzu Fragen? Können die vorwiegend aus den USA berichteten Häufigkeiten auf die Verhältnisse in Deutschland übertragen werden?

Fiedler:

Ich darf auf die alltägliche Erfahrung hinweisen, daß die klinische Diagnose einer akuten oder einer primär chronischen Hepatitis sehr viel leichter zu stellen ist als die Infektionsquelle zu ermitteln. Das Auffinden einer Infektionsquelle der nach einem Krankenhausaufenthalt an einer Hepatitis B oder Hepatitis-Non-A-Non-B Erkrankten ist äußerst schwierig und führt häufig zu Fehlschlüssen. Diese Schwierigkeiten sind für die Epidemiologie der sog. Transfusionshepatitis allgemein bekannt, hierzu vorliegende Zahlen kann man nach Maßgabe allgemein anerkannter wissenschaftlicher Grundsätze praktisch nicht verwenden.

Maass:

In diesem Zusammenhang ergeben sich verschiedene Fragen, z.B. nach der Definition einer posttransfusionellen Hepatitis und ihre Häufigkeit.

Roggendorf:

Ich habe mich absichtlich enthalten, Zahlen zur Häufigkeit der posttransfusionellen Hepatitis für die Bundesrepublik zu nennen, da die Angaben kontrovers sind und es auch schwierig ist, zu bestimmen, was nun wirklich transfusionsbedingt ist und was nicht.

Maass:

Es entspricht aber einer alten Erfahrung, daß auch nicht transfundierte Patienten postoperative Hepatitiden bekommen können, wo immer sie auch herkommen mögen.

Roggendorf:

Ganz richtig.

Pollmann:

Wenn es zwei Arten des Hepatitis-B-Virus gibt, muß dann nicht gefordert werden, daß alle Spender nicht nur auf HBsAg untersucht werden, sondern auch auf anti-HBc und anti-HBs; im positiven Fall müßten auch diese Spenden ausgesondert werden. Wenn außerdem die HB-Schutzimpfung keinen sicheren Schutz vor der zweiten Art der HBV-Infektion gibt, ist es dann noch gerechtfertigt, alle hämophilen „virgins" und alle Patienten, die demnächst Blut bekommen sollen, gegen HB zu impfen? Müssen sie nicht trotz der HB-Impfung mit den zur Zeit sichersten Produkten behandelt werden?

Roggendorf:

Ich habe in meinem Vortrag vielleicht den Eindruck erweckt, daß diese neue Form der Hepatitis B, die noch nicht charakterisiert ist, häufig sei. Darüber gibt es bisher keine Zahlen. Man muß ganz klar sagen, daß die Impfung gegen das Hepatitis B Virus einen sicheren Schutz gibt gegen weitaus die Mehrzahl der Hepatitis B-Infektionen. Die andere Form, die ich genannt habe, ist relativ selten. Zahlen gibt es nicht, weil es kein Testsystem gibt. Auch das Screening von Blutspendern auf anti-HBs und anti-HBc hilft nicht, weil viele von diesen Patienten keine Marker einer typischen Hepatitis B haben und trotzdem das Virus übertragen können. Einzige Möglichkeit um zu Aussagen über die Häufigkeit über diese Sonderform zu kommen, ist erst dann gegeben, wenn ein Testsystem existiert, in dem die Virusproteine des neuen veränderten Virus enthalten sind und man dann testen kann, inwieweit das nun bei uns 5% oder 1% oder 0,1% ausmacht. Ich würde deswegen abwarten und weitere Maßnahmen oder Empfehlungen erst aussprechen, wenn klar ist, wie häufig das Virus bei uns vorkommt.

Taborski:

Gibt es irgendwelche Beziehungen zwischen dem Delta-Agens und HBV?

Roggendorf:

Die Klonierung und Sequenzierung des Hepatitis Delta-Virus (HDV) haben ganz klar gezeigt, daß das Genom, also die RNA des HDV, überhaupt keine Beziehung zum Hepatitis B-Virus hat. Es ist eine völlig offene Frage, wie das HDV das Hepatitis B-Virus als Helfervirus gefunden hat, damit es sich vermehren kann.

Maass:

Der Nachweis einer Infektion mit dem Delta-Virus erfolgt über den Antikörpernachweis; diese Antikörper können lebenslang persistieren. Welche Aussage ermöglicht dieser Antikörpernachweis für die Ätiologie einer gegenwärtig ablaufenden Erkrankung?

Roggendorf:

Man kann heute durch verschiedene Methoden eine akute, abgelaufene oder chronische Hepatitis Delta unterscheiden. Bei einer chronischen HDV-Infektion findet man bei etwa 70% aller Patienten eine Persistenz in Form von anti-Delta IgM. In einem ähnlichen Prozentsatz findet man auch Delta-Antigen in der Leber. Der immunhistologische Nachweis wird allerdings selten als diagnostische Maßnahme durchgeführt. Der Nachweis von IgM ist heute die einfachste Methode, um eine chronische Infektion zu beweisen. Der Nachweis der viralen RNA im Serum als Beweis der Infektiosität wird von wenigen Labors durchgeführt und ist sicher nicht so gut wie der Nachweis der spezifischen IgM-Antikörper zur Diagnose einer chronische HDV Infektion.

Maass:

Ich möchte nochmals auf die Hepatitis B zurückkommen; zum Nachweis der HBV-DNA steht derzeit kein kommerziell verfügbarer Test zur Verfügung. Wenn aber der Nachweis der HBV-DNA ein guter Parameter für die Infektiosität eines HBsAg-Dauerträgers ist, so geht die Aussagefähigkeit dieses Tests bis in Fragen des öffentlichen Gesundheitsdienstes, z.B. der Beschäftigung HBV-positiver Personen. Derzeit versucht man diese Frage durch den Nachweis von HBeAg zu beantworten, wobei eine gewisse Assoziation zwischen dem HBeAg-Nachweis und der Infektiosität unterstellt wird.
Vielleicht darf ich aber eine Frage zur Bedeutung der Parvoviren stellen. Wissen Sie etwas über die Immunität nach einer Infektion, sind Reinfektionen möglich?

Roggendorf:

Es gibt Reinfektionen. Es ist ein Fall einer Reinfektion bei einer experimentellen Infektion eines Probanden beschrieben worden, bei dem wichtige Antikörpertiter vorlagen. Aber in einer größeren Studie ist dies noch nicht untersucht worden, weil die Testmethoden zum Nachweis einer Parvovirusinfektion erst seit einigen Jahren zur Verfügung stehen. Aufgrund der vorliegenden epidemiologischen Daten ist die Übertragung einer Blutkonserve eines Spenders, der sich gerade in der Virämiephase befunden hat, eher selten und mit einer Wahrscheinlichkeit von $\geq 1:20000$ anzunehmen.

Vorschriften für Gewinnung und Transfusion von Blut und Blutprodukten

H. Fiedler und H. Cramer

Vorschriften für die Gewinnung und Transfusion von Blut und Blutprodukten

Die Gewinnung und Transfusion von Blut und Blutprodukten werden durch Vorschriften verschiedener Normgeber geregelt:
1. An der Spitze steht das Gesetz zur Neuordnung des Arzneimittelrechts von 1976, geändert durch das Erste Gesetz zur Änderung des Arzneimittelgesetzes von 1983 sowie durch das Zweite Gesetz zur Änderung des Arzneimittelgesetzes von 1986.
   Durch das Arzneimittelgesetz wird der Verkehr mit Arzneimitteln geregelt. Blut und Blutzubereitungen fallen unter den Arzneimittelbegriff des Arzneimittelgesetzes (§ 2 Abs. 1 Nr. 1 und Nr. 3 AMG; vgl. klarstellend auch § 4 Abs. 2 AMG).
   Bei der Gewinnung von Blut, Plasma und sonstigen Blutbestandteilen ist das AMG insoweit zu beachten, als hierdurch bereits Arzneimittel im Sinne des AMG entstehen bzw. die Ausgangsstoffe für die Arzneimittelherstellung gewonnen werden.
   Das Arzneimittelgesetz erstreckt sich auf die Qualitätssicherung, Wirksamkeit und Unbedenklichkeit von Arzneimitteln (vgl. § 1 AMG). Demnach ergibt sich die Unbedenklichkeit nicht aus der Freiheit von Nebenwirkungen, sondern aus der Vertretbarkeit der schädlichen Wirkungen nach Maßgabe einer wissenschaftlich korrekten Nutzenrisikobewertung.
2. Das in § 55 AMG verankerte Arzneibuch ist für die Gewinnung von Blut und Blutbestandteilen zu beachten. Es ist – vom zuständigen Bundesminister erlassen – eine Sammlung anerkannter pharmazeutischer Regeln, u. a. über die Qualität von im einzelnen aufgeführten Arzneimitteln. Das Arzneibuch, das als Rechtsverordnung unmittelbar verbindlich ist, verbietet die Herstellung und Abgabe von Arzneimitteln, wenn die in ihnen enthaltenen Stoffe nicht den für sie geltenden Regeln des Arzneibuches entsprechen.
   Das seit dem 1.7.1987 geltende DAB 9 schreibt u. a. für die meisten im Verkehr befindlichen Blutzubereitungen vor, von welcher Qualität das verwendete Blut bzw. Plasma sein muß.
3. Ferner sind bei der Herstellung von Blutprodukten die Betriebsordnung für pharmazeutische Unternehmer vom 8.3.1985 sowie die GMP-Richtlinie

(Grundregeln der Weltgesundheitsorganisation für die Herstellung von Arzneimitteln und die Sicherung ihrer Qualität) zu beachten. Weder die PharmBetrV noch die GMP-Richtlinie enthalten spezielle Regelungen im Hinblick auf die Virussicherheit von Blutprodukten.

4. Richtlinien und Regelungen für das Bluttransfusionswesen haben unterhalb der Gesetzes- und Rechtsverordnungsebene weder für den pharmazeutischen Unternehmer noch für Gerichte unmittelbar bindende Rechtswirkung. Ihre Bedeutung liegt jedoch darin, daß das für alle Arzneimittel geltende Arzneimittelgesetz den zahlreichen Besonderheiten der Blutzubereitungen nicht optimal Rechnung trägt [1]. Richtlinien eignen sich besonders für die Beschreibung des jeweiligen Standes der medizinischen und pharmazeutischen Wissenschaft.

Darüber hinaus kommt ihnen in dem Maße, als Kammern und medizinische Fachgesellschaften an ihnen mitgearbeitet haben, auch die Bedeutung präformierter Gutachten zu in Fragen der Gewinnung, Herstellung und Transfusion von Blut und Blutbestandteilen [2].

Von zentraler Bedeutung sind die 1979 vom Wissenschaftlichen Beirat der Bundesärztekammer und vom Bundesgesundheitsamt aufgestellten „Richtlinien zur Blutgruppenbestimmung und Bluttransfusion", die durch die Richtlinien für Plasmapheresen ergänzt werden (herausgegeben vom Sachverständigenausschuß des Wissenschaftlichen Beirats der Bundesärztekammer.

Diese Richtlinien lassen sich aufgliedern in Vorschriften zum Schutze des Spenders und solche zum Schutz des Empfängers.

Die Vorschriften zum Schutz des Spenders regeln vor allem die gesundheitliche Eignung des Spenders für eine Blutentnahme, die Altersgrenzen, die Häufigkeit und Menge der Blutspende, die Aufsicht bei der Blutspende sowie das Verhalten nach der Blutspende.

Die Vorschriften zum Schutz des Empfängers haben den Zweck, die Übertragung von Blut und Blutbestandteilen so wirksam, aber auch so risikoarm wie möglich zu gestalten. Im Interesse der Virussicherheit der Blutzubereitungen spielt die Feststellung der „Spendetauglichkeit" des Spenders eine bedeutende Rolle. Hier geht es darum, Krankheiten, Krankheitsfolgezustände und besondere Infektionsrisiken beim Spender aufzudecken, um den Empfänger im Rahmen des Möglichen vor Infektionen zu schützen. Dazu tragen die Sicherheitsvorkehrungen bei der Spenderauswahl bei, durch medizinische Untersuchung und Anamneseerhebung einerseits und Laboruntersuchungen des Blutes in vorgeschriebenen Tests auf der anderen Seite.

Ergänzend sind an dieser Stelle spezielle Richtlinien zu nennen, wie die ab dem 1.10.1985 geltende Richtlinie des Bundesgesundheitsamtes zum Nachweis von HIV-Antikörpern. Schließlich sind zu berücksichtigen die Richtlinien des Europarates zur Qualitätssicherung (Quality Control in Blood Transfusion Services) von 1986. Diese enthalten gegenüber den deutschen Richtlinien mit Mindestanforderungen sehr umfangreiche Regelungen, wobei die jetzige Regelung aus dem Jahre 1986 ein erster Schritt zur Entwicklung gemeinsamer Verfahren sein sollte.

5. Die bei der Gewinnung und Transfusion von Blut und Blutprodukten einzuhaltenden Sicherheitsvorkehrungen werden durch das DAB 9, die oben aufgeführten Richtlinien [4] sowie die Bescheide des BGA nicht abschließend geregelt.
Die Richtlinien zur Blutgruppenbestimmung und Bluttransfusion geben zum einen nur Mindestanforderungen wieder; zum anderen sind die Sicherheitsvorkehrungen ständig der fortschreitenden medizinischen Entwicklung anzupassen. Somit ergibt sich, über die bestehenden Regelungen hinaus, eine zwingende Verpflichtung für die Blutspendedienste, in Eigenverantwortung alle geeigneten Vorsichtsmaßnahmen zur Risikominderung für Spender und Empfänger zu treffen.
Die Beachtung der Sorgfaltspflichten wird rechtlich durch § 5 AMG geregelt, wonach es verboten ist, bedenkliche Arzneimittel in den Verkehr zu bringen.
Außerdem müssen Ärzte und Produzenten von Arzneimitteln bei ihrer Tätigkeit zivilrechtliche Verkehrssicherheitspflichten einhalten, die im Verletzungsfall Schadensersatzansprüche nach sich ziehen können [3]. Eine schuldhafte Verletzung zumutbarer Sorgfaltspflichten seitens des Blutspendedienstes kann auch strafrechtliche Konsequenzen ergeben.

Virussicherheit

Im folgenden sollen im Hinblick auf die Virussicherheit einzelne Regelungen näher dargestellt werden:
1. Die zentrale Vorschrift im AMG ist der § 5. Danach ist es jedermann verboten, bedenkliche Arzneimittel in den Verkehr zu bringen.
Entsprechend Abs. 2 sind Arzneimittel bedenklich, bei denen nach dem jeweiligen Stand der wissenschaftlichen Erkenntnisse der begründete Verdacht besteht, daß sie bei bestimmungsgemäßem Gebrauch schädliche Wirkungen haben, die über ein nach den Erkenntnissen der medizinischen Wissenschaft vertretbares Maß hinausgehen. Somit verbietet der Gesetzgeber nicht Arzneimittel mit schädlichen Nebenwirkungen schlechthin, sondern nur insoweit, als der begründete Verdacht dieser schädlichen Wirkungen besteht und sie über ein vertretbares Maß hinausgehen.
Ob bei einem Arzneimittel die schädlichen Wirkungen das medizinisch vertretbare Maß überschreiten, wird durch eine medizinische Nutzenrisikoabwägung [4] festgestellt, die im Einzelfall oft schwierig ist. Dabei wird der therapeutische Wert des Arzneimittels (Gewichtigkeit der Indikation, Heilungschancen, Behandlungsalternativen mit geringerer Gefährlichkeit) in Relation gesetzt zum Risiko (Schwere und Häufigkeit der schädlichen Nebenwirkungen).
Der hohe therapeutische Wert der meisten Blutpräparate fällt entscheidend ins Gewicht, so daß auch die nicht immer völlig ausschließbare Übertragung von z. B. Hepatitis, AIDS, Syphilis etc. bis zu einem gewissen Grad das medizinisch vertretbare Maß nicht überschreitet. Dies wurde sinngemäß

auch in einem Urteil des Landgerichts Essen aus dem Jahre 1982 deutlich, wo man die Möglichkeit einer Hepatitisinfektion infolge einer Bluttransfusion nach wissenschaftlichen Erkenntnissen als unvermeidbar ansah. Angesichts des relativ geringen Risikos von 1 : 10 000 sei eine Blutkonserve, die entsprechend dem heutigen Stand der medizinischen Wissenschaft auf Hepatitisviren untersucht wurde, nicht als bedenkliches Arzneimittel einzustufen [5].

Man muß darauf hinweisen, daß die Nutzenrisikoabwägung auf der Grundlage des bestimmungsgemäßen Gebrauchs des Arzneimittels getroffen wird. Bei therapeutisch wichtigen Medikamenten würde bei begründetem Verdacht schädlicher Wirkungen nicht ein generelles Verbot zur Diskussion stehen, sondern zunächst einmal die Frage der Indikationseinschränkung. Eine strengere Indikation kann dann die vertretbare Nutzenrisikorealtion wiederherstellen.

Fertigarzneimittel dürfen nach § 21 Abs. 1 S. 1 AMG nur in den Verkehr gebracht werden, wenn sie durch die zuständige Bundesoberbehörde zugelassen sind. Die Zulassung ist gemäß § 25 Abs. 2 Nr. 5 AMG zu versagen, wenn der begründete Verdacht besteht, daß das Arzneimittel bei bestimmungsgemäßem Gebrauch schädliche Wirkungen hat, die über ein nach den Erkenntnissen der medizinischen Wissenschaft vertretbares Maß hinausgehen. Die tatbestandlichen Voraussetzungen sind also in § 5 und § 25 Abs. 2 Nr. 5 AMG identisch.

Nach § 30 Abs. 2 AMG ist auch bei späterem Bekanntwerden bzw. Eintreten der Bedenklichkeit ein zwingender Grund zur Rücknahme bzw. zum Widerruf der Zulassung gegeben.

Vor einer Aufhebung der Zulassung sind jedoch in Anwendung des Verhältnismäßigkeitsprinzips abgestufte Maßnahmen zu ergreifen. Daß die Akten der Zulassungsbehörden stets dem aktuellen Stand der wissenschaftlichen Erkenntnisse über schädliche Wirkungen der Arzneimittel entsprechen, soll der neugeschaffene § 29 Abs. 1 S. 2 AMG gewährleisten: Danach hat der pharmazeutische Unternehmer jeden ihm bekanntgewordenen Verdachtsfall einer Nebenwirkung oder Wechselwirkung der zuständigen Behörde anzuzeigen. Es sind nicht – wie bisher – nur neue, sondern auch bereits bekannte Nebenwirkungen zu melden.

Es ist jedoch fraglich, ob hierdurch eine sinnvollere Risikobewertung erfolgen kann. Diese setzt nämlich voraus, daß Zahl und Art der Nebenwirkungen (1. Bezugsgröße) auf die angewendete Menge des Arzneimittels und auf die Zahl der exponierten Personen (2. Bezugsgröße) bezogen wird. Tatsächlich erfährt der pharmazeutische Unternehmer vom Arzt nur einen Teil der beobachteten schädlichen Wirkungen. Daher ergibt diese Meldepflicht ein unrichtiges Bild über die Zahl der Nebenwirkungen. Da der zuständigen Behörde auch von Gesetzes wegen Angaben über die Zahl der exponierten Patienten und über die Mengen der jeweiligen Arzneimittel nicht zugänglich sind, fehlt ihr auch die zweite zur Risikobewertung erforderliche Bezugsgröße. Überdies ist oft auch der Kausalzusammenhang zwischen Arzneimitteleinnahme und Nebenwirkung unbewiesen und bei Vielfachmedikation auch unspezifierbar.

Wie die geschilderte Gesetzesnovelle ihren sinnvollen Zweck erreichen kann, nämlich den Risikovergleich zwischen verschiedenen Behandlungsalternativen für dieselbe Indikation, ist zur Zeit nicht erkennbar.

2. Das DAB 9 schreibt für die Qualität des verwendeten Blutes bzw. Plasmas vor: Es muß von gesunden Spendern stammen, die – nach medizinischer Untersuchung, Blutuntersuchung und Vorgeschichte – frei von Infektionserregern sind, die durch eine Transfusion übertragen werden können. Art und Anzahl der durchzuführenden Untersuchungen sind je nach Erfordernis festgelegt, insbesondere sind hier Prüfung auf Hepatitis-B-Oberflächenantigene (HBsAg) und auf HIV-Antikörper hervorzuheben. Das Ergebnis muß negativ sein.

Weiterhin werden die Virusinaktivierung durch spezielle Virusinaktivierungsverfahren ebenso geregelt wie die Frage, unter welchen Voraussetzungen diese Verfahren u. U. einzelne Anforderungen an die Spendetauglichkeit des Spenders ersetzen können.

3. Nach den bereits erwähnten Richtlinien zur Blutgruppenbestimmung und Bluttransfusion (1979) ist bei Blutspendern vor jeder Spende möglichst schriftlich eine Anamnese zu erheben. Der Spender hat durch Unterschrift zu versichern, daß seine Angaben der Wahrheit entsprechen. Danach werden der Gesundheitszustand durch ärztliche Untersuchungen festgestellt und im Labor eine Untersuchung auf Lues, ein Test zur Einschränkung des Risikos einer Non A/Non B-Hepatitisübertragung sowie ein weiterer zur Einschränkung des Übertragungsrisikos einer Hepatitis B durchgeführt.

Die neuen in Bearbeitung befindlichen Richtlinien werden vorschreiben: die Verpflichtung, die Spende auf HIV-Antikörper zu untersuchen sowie den Ausschluß von Personen, bei denen eine HIV-Infektion gesichert wurde oder die intimen Kontakt mit AIDS-Kranken bzw. HIV-Infizierten haben oder hatten oder einer Risikogruppe zugeordnet werden müssen.

4. Ein Bescheid des BGA von 1984/1985 ordnet hinsichtlich Blutgerinnungsfaktor-VIII-haltiger Humanarzneimittel an, daß in der Packungsbeilage die Anwendungsgebiete einzuschränken und bestimmte Nebenwirkungen anzugeben sind. Die Spende ist neben einem Lues-Test, der HBsAg-Bestimmung sowie der GPT-Bestimmung zur Erkennung einer akuten Hepatitis weiterhin einem HIV-Antikörpertest zu unterziehen. Es dürfen ferner nur Blut- bzw. Plasmaspenden von Personen herangezogen werden, die bestimmte Anforderungen für Spender erfüllen.

Bemerkenswert ist, daß ein Ausschluß spezieller AIDS-Risikogruppen nicht ausdrücklich gefordert wird, obwohl der Europarat schon am 5.7.1983 den Verantwortlichen der nationalen Gesundheitsdienste empfohlen hat, daß Personen, die zu den typischen AIDS-Risikogruppen gehören, aufgefordert werden sollen, kein Blut zu spenden.

5. Jeder pharmazeutische Unternehmer hat in eigener Verantwortung die zumutbaren Maßnahmen zur Risikoabwehr zu treffen. Dies soll am Beispiel der AIDS-Problematik gezeigt werden.
Neben der spätestens seit dem 1.10.1985 erforderlichen Testung aller Blutspenden auf HIV-Antikörper sind weitere Schutzmaßnahmen erforderlich, da in der Literatur das noch verbleibende Restrisiko einheitlich mit 1:500000 bis 1:1000000 angegeben wird. Obwohl noch nicht vorgeschrieben, ist der Ausschluß von Angehörigen der AIDS-Risikogruppen von der Blutspende geboten. Die Spender sind daher nach einer eventuellen Zugehörigkeit einer Risikogruppe zu befragen. Die negative Antwort des Spenders ist von ihm tunlichst schriftlich zu bestätigen [7,8].

Darüber hinaus wird den Spendern neuerdings von einigen Blutspendediensten die Möglichkeit des „vertraulichen Selbstausschlusses" eingeräumt: Er hat nach der Spende noch einmal die Möglichkeit, in einem anonymen Verfahren auf einem „Stimmzettel" anzukreuzen, daß seine Spende (durch Nummer gekennzeichnet) nicht für Patienten verwendet werden soll. Es wird nämlich befürchtet, daß einzelne Personen nicht auf das Blutspenden verzichten, um beim Ehepartner oder bei Bekannten keinen Argwohn zu erregen. Allerdings wird durch den „vertraulichen Selbstausschluß" die unterschriebene Erklärung und das damit verbundene Aufklärungsgespräch entwertet.

Außerdem wird eine Nachuntersuchung des Spenders in angemessenem Zeitabstand nach der jeweiligen Spende, aber vor Inverkehrbringen des gespendeten Blutes diskutiert. Diese Nachuntersuchung kann aber er nicht in der Form durchgeführt werden, daß das gespendete Blut vor der Transfusion noch einmal nachuntersucht wird [9].

Die Nachuntersuchung der Blutspender etwa 6–8 Wochen nach der Spende scheidet aus praktischen Gründen aus, da unter diesen Umständen alle Blutkonserven einer Tiefkühlkonservierung unterzogen werden müßten. Dies wäre nicht finanzierbar, zum anderen würde dann in einem akuten Notbedarfsfall Transfusionsblut nicht rechtzeitig zur Verfügung stehen. Alle unter großem Aufwand tiefkühlkonservierten Blutkonserven, deren Spender nicht in einem angemessenen Zeitabstand wieder in Erscheinung treten, müßten zudem vernichtet werden [10]. Dies wäre allein bei frisch gefrorenem Plasma zu erwägen.

Grundsätzlich wird jeder Hersteller von Arzneimitteln aus menschlichem Blut bei der Bemessung seiner Sorgfaltspflichten davon ausgehen müssen, daß der Weg zur Virussicherheit über drei Stufen führt:
I. Spenderauswahl;
II. Labortests;
III. Inaktivierungsverfahren.

Nach dem gegenwärtigen Stand der wissenschaftlichen Erkenntnis existieren keine Anhaltspunkte für die Vermutung, daß eine dieser Stufen andere entbehrlich machen könnte (s.o. II.2.).

Allerdings ist die dritte Stufe aus technischen Gründen nicht bei allen Blutprodukten anwendbar.
6. Rechtsverbindliche Vorschriften oder wegweisende Richtlinien zu der in letzter Zeit aktuell gewordenen autologen Bluttransfusion in Krankenhäusern in ihren sehr verschiedenen Varianten sind gerade im Entstehen begriffen und können daher noch nicht näher abgehandelt werden. Aus einem Runderlaß des Ministers für Arbeit, Gesundheit und Soziales des Landes NRW vom 30.9.87 geht allerdings hervor: Während die Herstellung von Blutkonserven für eine Übertragung bei Familienangehörigen der Spender nach § 13 AMG erlaubnispflichtig ist, sind bei der Eigenblutübertragung im Krankenhaus die Grenzen zwischen ärztlicher Therapie und erlaubnispflichtiger Herstellung eines Arzneimittels nicht immer eindeutig. Stets zu beachten sind aber bei der Herstellung, Lagerung und Anwendung von Blutkonserven die anerkannten pharmazeutischen und medizinischen Regeln (DAB, Richtlinien s. o.).

Schlußüberlegungen

Betrachtet man das Arzneimittelgesetz als Ganzes, so ergibt sich, daß der Begriff „wissenschaftliche Erkenntnis" dieses Gesetz wie ein roter Faden durchzieht.
Der Gesetzgeber erhebt die „wissenschaftliche Erkenntnis" in den Rang des Prüfsteins, an dem sich entscheidet, inwieweit im konkreten Einzelfall die Ziele des Gesetzes, nämlich Arzneimittelqualität, Wirksamkeit und Unbedenklichkeit, erreicht oder verfehlt worden sind.
Jeder weiß aus Erfahrung, daß kein Produkt besser sein kann als das zu seiner Herstellung und Prüfung benutzte Instrumentarium. Dies gilt im übertragenen Sinne auch für immaterielle Produkte, z.B. für eine ärztliche Diagnose, aber eben auch für Arzneimittelqualität, Wirksamkeit und Unbedenklichkeit.
Wem daran gelegen ist, daß diese Ziele des Arzneimittelgesetzes im Rahmen des Möglichen auch tatsächlich erreicht werden, der kommt nicht umhin, für eine optimale Qualität des vom Gesetzgeber verordneten Prüfsteines zu sorgen, nämlich für die Beachtung der erforderlichen Sorgfalt auch bei der Gewinnung der einschlägigen wissenschaftlichen Erkenntnisse. Die somit zur Erreichung der Gesetzesziele unerläßliche Qualitätskontrolle von Wissenschaft und Forschung entzieht sich ihrer Natur und dem Grundgesetz nach der Regelungskompetenz des Gesetzgebers. Dieses Wächteramt kann deshalb nur von der Gemeinschaft der Wissenschaftler und Forscher selbst wahrgenommen werden. Soweit dies nicht geschieht, besteht Gefahr, daß die Intentionen des Arzneimittelgesetzgebers ins Leere laufen und daß sich jenes Problem erhebt, welches die alten Römer in die Frage kleideten

„Quis custodiet ipsos custodes?"

Literatur

1. Kloesel, Cyran (1987) „Arzneimittelrecht – Kommentar" Deutscher Apotheker Verlag, Stuttgart AMG Paragr 4 Anm 7 b
2. Kloesel, Cyran, s. o., AMG Paragr 54 Anm 6
3. Eberbach W (1986) „Rechtsprobleme der HTLV-III-Infektion (AIDS)", Springer-Verlag, Berlin S 52
4. Kloesel, Cyran, s. o., AMG Paragr 5 Anm 7
5. Fiedler, H und Hackethal, B (1980) „Schadensersatz bei Hepatitis nach Bluttransfusion" Zeitschrift für Rechtsmedizin 86, S 26
6. Kloesel, Cyran, s. o., AMG Paragr 30 Anm 4
7. Teichner, M (1986) „Nochmals: AIDS und Blutspende" NJW 39, S 762
8. Eberbach, W, s. o., S 55
9. Schlund, H, „Juristische Aspekte beim erworbenen Immun-Defekt-Syndrom(AIDS), AIFO 1, 986, S. 452
10. Eberbach, W, s. u. 3. S 55

Diskussion

Maass:

In dem Vortrag von Herrn Roggendorf haben wir einige Beispiele für die durch Blut und Blutprodukte übertragbaren Infektionen gehört. Die Rechtsvorschriften zur Verhütung derartiger Infektionsübertragungen wurden von Herrn Fiedler dargestellt, in einem späteren Vortrag wird über die technischen Verfahren gesprochen werden, mit deren Hilfe es möglich ist, diesen Rechtsvorschriften zu genügen. Zunächst sollen aber einige Fragen diskutiert werden, die im Zusammenhang mit den Ausführungen von Herrn Fiedler aufgetreten sind.

Lefèvre:

Sie hatten die Frage nach der Anwendung von Frischblut – Warmblut – aufgeworfen. Hierbei untersucht der anwendende Arzt das Blut des von ihm ausgewählten Spenders nicht, er verwendet es ohne vorausgehende Untersuchungen. Ist diese Auffassung richtig, die Bestimmungen des Arzneimittelgesetzes gelten doch wohl auch für Arzneimittel, die nicht in den Verkehr gebracht werden. Ist die Anwendung von Frischblut, bei dem bestimmte Risiken eingegangen werden, mit dem Arzneimittelgesetz vereinbar.

Fiedler:

Rechtsprechung gibt es dazu nicht. Die endgültige Entscheidung wird man der Rechtsprechung überlassen müssen. Meines Erachtens ist Warmblut ein Arzneimittel und fällt unter den Begriff „Sanguis humanus" oder „Blutkonserve" des Deutschen Arzneibuches (DAB). Wer eine Warmblutkonserve in den Verkehr bringt, die bedenklich ist, weil sie z. B. DAB-Vorschriften nicht genügt, verstößt gegen ein Gesetz. Arzneimittel, welche nicht in diesem Sinne „in den Verkehr gebracht", sondern direkt vom Hersteller am Patienten angewendet werden, sollten zweckmäßigerweise ebenfalls nicht bedenklich sein. Letztlich hängt jedoch die Entscheidung der Frage, ob eine vom Hersteller direkt am Patienten angewendete ununtersuchte Warmblutkonserve ungeachtet aller AMG- und DAB-Vorschriften bedenklich sein darf, von der künftigen Rechtsprechung ab. Natürlich gilt auch hier das Prinzip des rechtfertigenden Notstandes. Ich könnte mir vorstellen, daß sich ein Arzt sogar über bindendes Recht hinwegsetzen darf,

wenn er meint, bei strikter Erfüllung des Gesetzes könne dem Patienten ein nicht wiedergutzumachender Schaden entstehen.
Ist das richtig Herr Cramer?

Cramer:
Gerade bei dieser Bluttransfusion handelt es sich ja quasi um einen Grenzbereich zwischen ärztlicher Therapiefreiheit und Arzneimittelherstellung. Welche Vorschriften und Richtlinien hier gelten, ist noch in keiner Weise klar. Ich würde in einem solchen Grenzbereich befürworten, daß, wenn ein wirklicher Notfall gegeben, wenn es also um Rettung von Menschenleben geht, dann auch im Einzelfall der Arzt in Eigenverantwortung Blut transfundieren darf, welches nicht in jedem Punkt den Vorschriften entspricht.

Stöckle:
Früher wurde bei einem „übergesetzlichen Notstand" häufig Warmblut transfundiert; häufig wurden hierzu Bundeswehrangehörige herangezogen. Wie verhält man sich heute, wenn nachträglich festgestellt wird, daß ein Spender anti-HIV-positiv ist? Analoge Situationen haben wir bei Hepatitis-B-Infizierten bereits erlebt. Ist man verpflichtet, den Spender über eine – anläßlich der Spende – nachgewiesene HIV-Infektion zu informieren? Für ein kleines Krankenhaus, das gelegentlich Warmblutspenden durchführen muß, ist dies eine offene Frage. Gibt es ein Recht auf Nicht-Aufklärung?

Fiedler:
Grundsätzlich sind wir in der Bundesrepublik Deutschland der Meinung, daß jeder, der seinen anti-HIV-Status nicht wissen will, das Recht auf Nicht-Wissen hat. Niemand darf ungefragt untersucht und aufgeklärt werden. Nur beim Blutspender machen wir eine Ausnahme und sagen: Indem Du Blut spendest, erklärst Du Dich (a) zu einem HIV-Test bereit – das ist Sachzwang, daran läßt sich gar nichts ändern. Aber außerdem – und das knüpft nicht notwendigerweise an die Bereitschaft zum Test an – erklärst Du Dich (b) bereit, im positiven Fall aufgeklärt zu werden.
Ich habe deshalb versucht, bei verschiedenen zuständigen Instanzen, von ganz unten bis zum Bundesgesundheitsamt, für dieses Problem Verständnis zu wecken. Dürfen wir den kleinen Prozentsatz unserer Bevölkerung (1–2% schätze ich) der überhaupt zur Blutspendeversorgung der gesamten Nation beiträgt, unter Ausnahmerecht stellen? Dürfen wir Blutspender, wenn sie infiziert sind durch einen untreuen Partner oder irgendeine Quelle, die man nicht aufklären kann, brutal mit einem Damokles-Schwert konfrontieren, mit dem kein anderer unerbeten konfrontiert wird?
Es war die einhellige Meinung beim BGA, bei den Ärztekammern und Gesundheitsbehörden, es sei nicht zulässig, den Betroffenen positive anti-HIV-Befunde vorzuenthalten. Aber es geht noch weiter: Wie schnell sich die Infektion in unserer Bevölkerung ausbreitet, weiß niemand; denn die Erkrankungsziffern

geben die Infektionsziffern von vor 5–10 Jahren wieder, die heute nicht mehr interessieren. Die Blutspenderuntersuchungen wiederum geben die Infektionsziffern aus einem nicht für die Gesamtbevölkerung repräsentativen Kollektiv wieder. Daher haben wir vorgeschlagen, aus Krankenhäusern, wo ohnehin dauernd Blutproben untersucht werden, anonymisierte Blutproben einem Massenscreening zuzuführen. Man hätte dann zwar keine personenbezogenen Befunde, aber man könnte die epidemiologische Entwicklung verfolgen. Daraufhin wurde von namhaften Juristen gesagt, bei einem anonymisierten Massenscreening könnten anti-HIV-positive Proben nicht mehr den dazugehörigen Personen zugeordnet werden, und allein diese hätten darüber zu entscheiden, ob sie über das Untersuchungsergebnis aufgeklärt werden wollen oder nicht. Danach wären weder namentliche noch anonymisierte epidemiologische Untersuchungen zulässig. Nur für den Blutspender gibt es kein entsprechendes Selbstbestimmungsrecht. Er muß nach einhelliger Meinung aller maßgeblichen Kreise aufgeklärt werden oder das Blutspenden sein lassen, so steht es auch in der Richtlinie vom April 1985 bezüglich der HIV-Tests bei Blutspendern.

Maass:

Einige Fragen, die im Vortrag von Dr. Fiedler angesprochen wurden, werden von Herrn Wartensleben nochmals aufgegriffen werden. Ich möchte nur ergänzend darauf hinweisen, daß die Möglichkeit zur anonymen Untersuchung zum Nachweis einer HIV-Infektion in einer Stichprobe aus der Gesamtbevölkerung gegenwärtig geprüft wird; offenbar bestehen hiergegen keine grundsätzlichen rechtlichen Einwände.

Möglichkeiten und Grenzen von Spenderscreening und Virusnachweis

D. Neumann-Haefelin

Einleitung

Mögliche Kontamination von Spenderblut mit Viren ist ein bedeutender Gegenstand der Sorge um die Sicherheit von Blut, Blutbestandteilen und Plasmaprodukten. Es ist zu unterscheiden zwischen Viren, die als Risiko bei der Blutübertragung gut bekannt und definiert sind, wie die Hepatitis-B- und Hepatitis-Delta-Viren, das Cytomegalievirus (CMV) und Epstein-Barr-Virus (EBV) oder die AIDS-Viren (HIV), und auf der anderen Seite solchen Viren, die noch nicht identifiziert sind, wie die Hepatitis-non-A/non-B-Viren. Daneben gibt es eine Vielzahl verschiedener Viren mit kaum bekanntem, im seltenen Einzelfall aber möglicherweise bedeutendem Übertragungsrisiko.
Nachdem die Rolle der Hepatitisviren in dem Beitrag von Roggendorf behandelt wurde, sollen HIV und die Herpesviren, insbesondere CMV, hier im Vordergrund stehen.

HIV-Antikörperscreening

Die Regeln und Methoden [1, 2] des HIV-Antikörperscreenings sind in der Bundesrepublik Deutschland einheitlich festgelegt, wie in dem Schema der Abbildung 1 dargestellt. Das Verfahren führt bei wiederholt positivem Screeningtest und positiven Bestätigungstests zur endgültigen Aussonderung der Blutspende und nach einer zusätzlichen Testwiederholung mit einer weiteren Blutprobe (Identitätssicherung des Spenders) zur Labordiagnose beim Spender. Umgekehrt führen negative Testergebnisse zur Freigabe der Blutspenden. In den Bestätigungstests zweifelhafte Ergebnisse müssen die Freigabe verhindern und sollten stets Anlaß für wiederholte Untersuchungen über einen längeren Zeitraum sein. Die Frage der Information des Spenders über die zweifelhaften Befunde kann im Einzelfall sehr problematisch sein.
Die bisher weltweit zum HIV-Antikörperscreening benutzte Methode ist der Enzymimmunoassay, im angelsächsischen Enzyme linked immunosorbent assay (ELISA), mit dem in Abbildung 2 wiedergegebenen Aufbau. Zu diesem Testprinzip, das je zwei immunologische Bindungsschritte und Waschschritte vor der

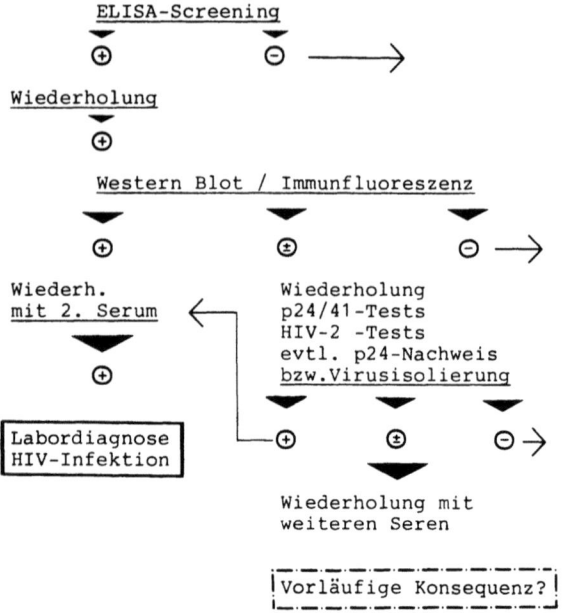

Abb. 1. Schema des diagnostischen Vorgehens im HIV-Antikörperscreening

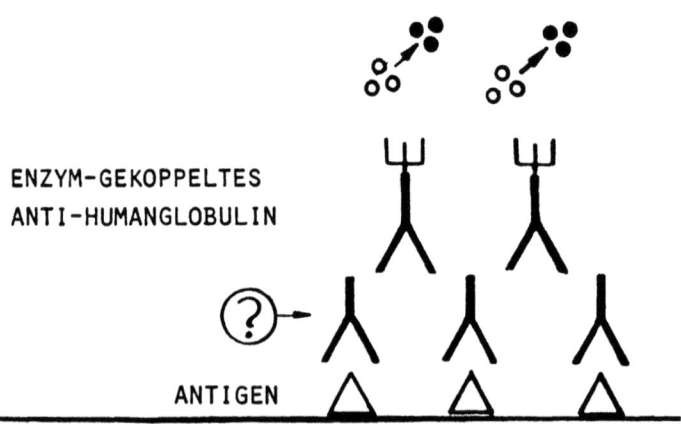

Abb. 2. Festphasen-Enzymimmunoassay (ELISA) zum Nachweis menschlicher Antikörper, gegen ein beliebiges, an einen Träger (Festphase) gebundenes Antigen. Nach jedem Reaktionsschritt werden nicht gebundene Komponenten weggewaschen. Die durch spezifisch gebundene Enzymaktivität umgesetzte Chromogenmenge wird photometrisch bestimmt

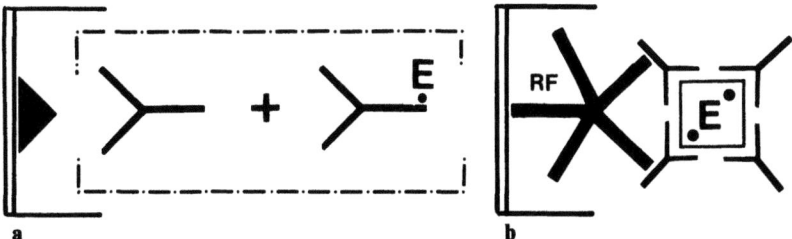

Abb. 3a u. b. Einschritt-Immunoassay. **a)** Kompetitionstest. Enzym-konjugierte anti-HIV-Antikörper und gegebenenfalls beim Patienten vorhandene HIV-spezifische Antikörper werden gleichzeitig zugegeben und konkurrieren um die Bindung an das HIV-Antigen an der festen Phase; **b)** Komplexbindungstest. Gleichzeitig zugegebenes Enzymkonjugiertes HIV-Antigen und gegebenenfalls beim Probanden vorhandene HIV-spezifische Antikörper bilden Immunkomplexe, die von Rheumafaktor-(IgM-) Antikörpern an der festen Phase erkannt und gebunden werden

enzymatischen Chromogenumsetzung erfordert, wurden Alternativen entwickelt. Als Beispiele sollen Kompetitionstests wie in Abbildung 3a oder Komplexbindungstests wie in Abbildung 3b erwähnt werden. Dies sind Tests mit nur je einem immunologischen Bindungsschritt und Waschschritt und den entsprechenden Vorteilen durch Ersparnis an Zeit und Aufwand. Ein weiterer Vorteil könnte aus dem Wegfall potentieller Fehlerquellen resultieren; dieser theoretische Vorteil kann aber in der Praxis unbedeutend sein oder durch Nachteile der Einschritt-Technik aufgewogen oder sogar übertroffen werden. In jedem Fall müssen Sensitivität und Spezifität jeder einzelnen Testvariante streng analysiert und an dem Standard des Zweischrittests gemessen werden (Tabelle 1).

Tabelle 1. Sensitivität und Spezifität kommerziell erhältlicher HIV-Antikörpertests. (Nach Deinhardt et al. [3] und Reesink et al.* [4])

Test	Spezifität		Sensitivität	
Abbott	74,6	(98,2)*	99,6	(100)*
Behring/ENI	nt	(99,3)	nt	(98,8)
Litton	96,9	(98,9)	98,7	(98,8)
Organon	93	(99,7)	97,8	(98,2)
Pasteur	98,3	(99,7)	98,8	(99,4)
Wellcome	94,0	(94,0)	98,5	(100)
Dupont	88,0		100,0	
ENI	92,2		97,9	
Sorin	70,0		100,0	
Rekombinant p41	97,6		86,9	
Rekombinant p24	77,3		99,0	
Komb. bei wiederh. Test.	100		100	

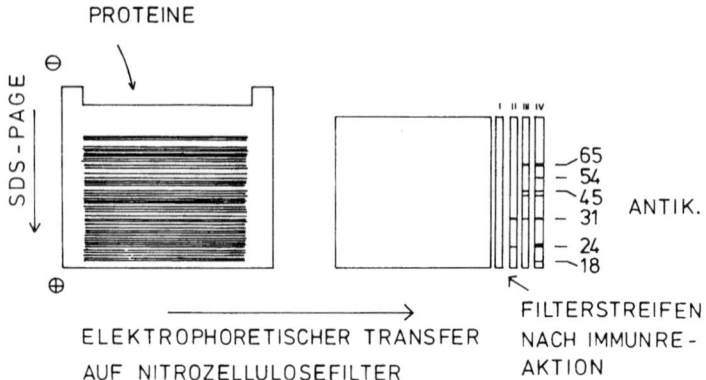

Abb. 4. Schema des Immunoblots (Western Blot) zum Nachweis HIV-spezifischer Antikörper. Mit Detergens gelöste Proteine des HIV und seiner Wirtszellen werden durch Gelelektrophorese aufgetrennt und auf eine Trägermembran übertragen. Beim Probanden vorhandene Antikörper werden nach immunologischer Bindung an diese Proteine gemäß dem in Abb. 2 wiedergegebenen Prinzip dargestellt

Die Bestätigung im Screening positiv gefundener Ergebnisse erfolgt entweder im indirekten Immunfluoreszenztest mit HIV-infizierten Zellen permanent in Suspensionskulturen wachsender T-Lymphomzellinien [1] oder im Immunoblotverfahren (Western Blot), bei dem Viruspräparationen aus ebensolchen Kulturen als Antigene verwandt werden (Abb. 4). Beide Verfahren bieten ein hohes Maß an Sensitivität und Spezifität unter der Voraussetzung der einwandfreien Beherrschung der komplexen Western-Blot-Technik bzw. der soliden Erfahrung in der indirekten Immunfluoreszenz an kultivierten Zellen. Der Immunfluoreszenztest läßt sich zwar durch Beimischung oder gesonderte Testung entsprechender nicht-infizierter Zellen gut kontrollieren, doch wird nur durch lange Praxis die erforderliche Unbestechlichkeit gegenüber unspezifischen antizellulären Fluoreszenzmustern gewonnen. Wir haben die besten Erfahrungen mit der gleichzeitigen Durchführung beider Bestätigungstests gemacht, da dies die Spezifität nochmals erhöht und Sicherheit in der Beurteilung solcher Seren gibt, die in dem einen oder anderen, eventuell auch in beiden Tests, an der Grenze der Sensitivität reagieren. Tabelle 2 vermittelt einen

Tabelle 2. HIV-Antikörperscreening bei einer Stichprobe von Blutspendern aus dem Jahr 1986

Stichprobe N	ELISA +/+	Häufigkeit (%o) WB/IF +	ELISA VFR +
250 000	2,4	0,03	0,1

WB = Western Blot; IF = indirekte Immunfluoreszenz; ELISA VFR = unabhängig vom Screening der Blutspendedienste in einem entsprechenden ELISA durchgeführte Nachtestung mit den Auswertungsschranken des Herstellers

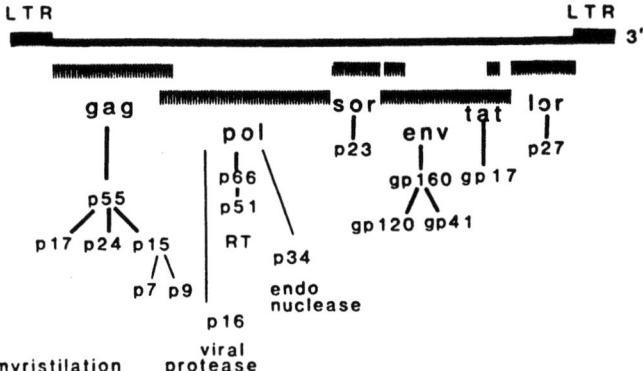

Abb. 5. Karte des HIV-I-Genoms mit Angabe der Genprodukte und ihrer Vorläufer (nach Gürtler und Deinhardt [5])

Eindruck, wie das Screening an einer Stichprobe von einer Viertelmillion Blutspenden verlief. Die Differenz zwischen der Zahl positiver Screeningergebnisse bei den Blutspendediensten und derjenigen bei Nachtestung im Bestätigungslabor mit dem gleichen ELISA-Prinzip mag den Sicherheitsspielraum des Screenings verdeutlichen: Der relativ hohen Zahl (2,4 ‰) positiver ELISAs mit einem höchstkritischen Ausschlußwert (Cut-off-Wert) entspricht nur einem Bruchteil (0,1 ‰) positiver Befunde bei einem nach Herstellervorschrift festgesetzten Ausschlußwert. Es sei betont, daß auch unter diesen härteren Auswertungsbedingungen alle im Western Blot und/oder der Immunfluoreszenz positiv bestätigten Seren erkannt wurden.

Eine neue Generation von HIV-Antikörpertests basiert auf der Analyse der HIV-Gene [5] und der gentechnologischen Herstellung der Proteine, gegen welche Antikörper beim Infizierten gefunden werden. Im Mittelpunkt der bisherigen Bemühungen stand die gentechnologische Gewinnung des Coreproteins p24 und des Hüllproteins gp41 (Abb. 5). Erste Vertreter dieser neuen Testgeneration werden als ELISA (Tabelle 1) und Western-Blot-Systeme bereits verwendet und günstig beurteilt. Diese Tests, ebenso wie diejenigen mit natürlichen Antigenen sind im Prinzip HIV-1-spezifisch. Das in Afrika und in letzter Zeit auch in Einzelfällen in Europa gefundene HIV-2 [6, 7] weist zwar eine deutlich differente Genomstruktur auf (Abb. 6), es besitzt aber Homologien in den Strukturprotein- und Polymerasegenen, so daß serologische Kreuzreaktionen durchaus vorkommen und auch in Screeningtests zur Reaktivität führen. Bivalente Tests werden im Ausland bereits angeboten und dürften auch in der Bundesrepublik Deutschland in Kürze erhältlich sein. Bei wiederholt zweifelhaften Ergebnissen in den HIV-1-spezifischen Tests hat sich in unserem Labor die Ergänzung durch eine HIV-2-spezifische Immunfluoreszenz bewährt.

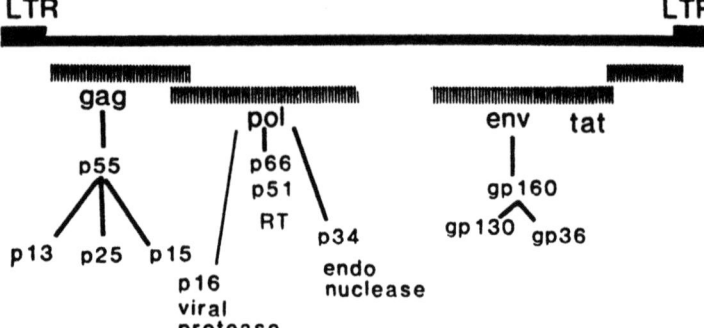

Abb. 6. Karte des HIV-II-Genoms mit Angabe der bisher identifizierten Genprodukte und ihrer Vorläufer (nach Gürtler und Deinhardt [5])

Neben der relativen Schwäche in der Entdeckung HIV-2-spezifischer Antikörper ist eine zweite Lücke des HIV-Antikörperscreenings zu diskutieren: diejenige in der immunologischen Lag-Phase während der ersten Wochen nach Eintritt der Infektion (Abb. 7). In dieser Phase, individuell zwischen 4 und 12 Wochen dauernd, ist der Infizierte virämisch, aber noch ohne meßbare Antikörper (7a). Die Abschätzung der Zahl infektiöser Blutspenden, die aufgrund dieser Situation unbemerkt bleiben, orientiert sich an der Zahl entdeckter HIV-seropositiver Spender und der Rate der Neuinfektionen in der Spenderpopulation. Während die erste Größe bekannt ist (in der Bundesrepublik Deutschland z. Z. ungefähr 50–60 pro Jahr [8]), ist die zweite umstritten. Pessimistische Schätzungen rechnen mit einer Verdopplungszahl der HIV-Infektionen von weniger als einem Jahr, so daß für noch seronegative Infizierte eine Rate von

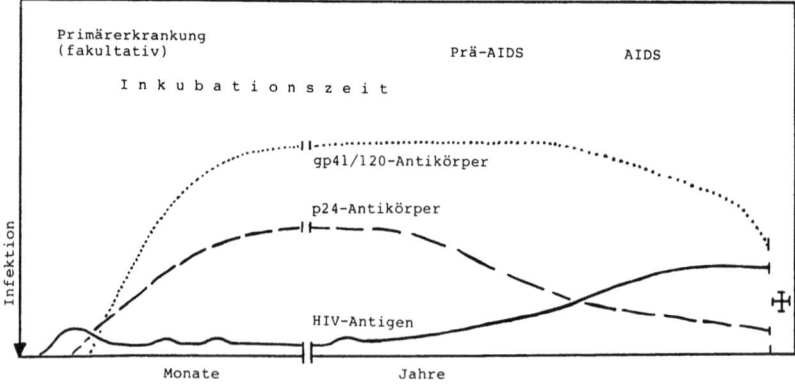

Abb. 7. Kinetik der Virämie und Serumantikörper im Verlauf der HIV-Infektion und AIDS-Erkrankung

Tabelle 3. HIV-Isolierung in Langzeitkulturen stimulierter T-Lymphozyten

Lymphozytenisolierung (Ficoll-Paque)
PHA-Stimulierung ± Spenderlymphozyten
IL-2-Stimulierung Langzeitkulturen
Nachweis der HIV-Infektion durch
    Reverse-Transkriptase-Aktivität
    CPE
    IF
    ELISA
    In-situ-Hybridisierung

$\geq 10\%$ der seropositiven resultieren würde. Es zeichnet sich jedoch zunehmend ab, daß diese Annahme für die Durchschnittsbevölkerung, insbesondere die Blutspenderpopulation, unrealistisch und mit einer Rate unter 5% zu rechnen ist. So klein die absolute Zahl unbemerkt infektiöser Blutspenden sein mag, muß doch mit allen möglichen und vertretbaren Mitteln versucht werden, auch diese kleine Zahl noch zu minimieren. Von den beiden Möglichkeiten, die zur Verfügung stehen, ist wegen des bereits erwiesenen Erfolgs an erster Stelle die Aufklärung der Spender zu nennen, die zum Ziel hat, Blutspenden durch Angehörige der Risikogruppen im weiteren Sinne von vornherein zu verhindern. Die zweite Möglichkeit ist der Versuch des Virusnachweises im Spenderblut. Das klassische Verfahren ist die Virusisolierung [9], d. h. Anzüchtung in der Zellkultur, deren Schritte in Tabelle 3 aufgeführt sind. Es handelt sich nicht um ein Routineverfahren, so daß diese Prozedur auf einzelne Verdachtsfälle im Spenderkollektiv beschränkt bleiben muß. Wegen des großen Zeitaufwandes (mehr als zwei Wochen) ist das Ergebnis für das am Beginn der Untersuchung gespendete Blut von geringer Relevanz. Die Sensitivität der Virusisolierung ist starken Schwankungen unterworfen und liegt, je nach den Erfahrungen und Bedingungen des untersuchenden Labors, im Bereich zwischen 50 und 90%, während die Spezifität immer nahezu 100% beträgt. Das zweite Verfahren, dessen kommerzielle Einführung bevorsteht [10], ist der Nachweis HIV-spezifischer Antigene mittels monoklonaler Antikörper im ELISA (Abb. 8). Sensitivität und Spezifität der verfügbaren p24-spezifischen Tests werden aber bisher nicht einheitlich beurteilt. Man versucht, die Spezifität durch Verlängerung des Tests um einen zweiten Bindungsschritt mit einem enzymgekoppelten Antiglobulin zusätzlich zu kontrollieren, indem Parallelansätze mit heterologen, blockierenden p24-spezifischen Antikörpern mitgeführt werden; die Erfahrungen mit diesem System sind aber noch zu gering, als daß man es als zum Massenscreening geeignet bezeichnen könnte. Ein solcher Einsatz ist m. E. auch aus Gründen der Kosten-Nutzen-Relation nur schwer vorstellbar.

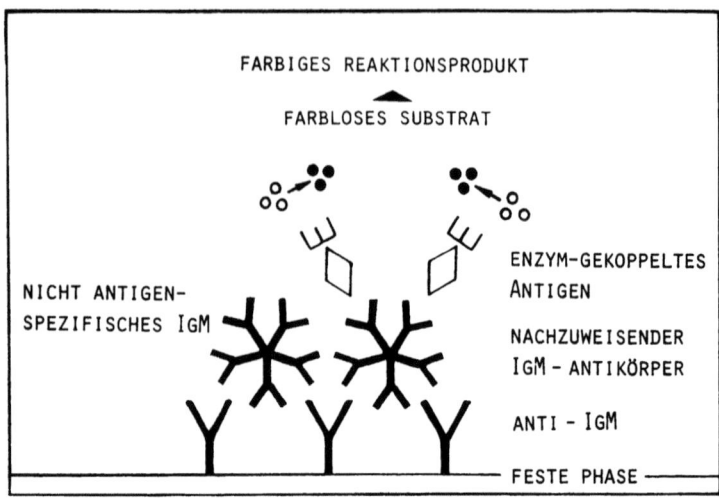

Abb. 8. Festphasen-Enzymimmunoassay zum Nachweis eines beliebigen Antigens. Der Test kann um eine Viertelkomponente (Enzym-konjugiertes Anti-Immunglobulin) erweitert werden, so daß eine Kontrolle durch heterologe spezifische Antikörper (Blocking) möglich wird. Testablauf sonst wie in Abb. 2

Herpesvirusinfektionen durch Blutübertragung

Die menschlichen Herpesviren (Abb. 9) haben die gemeinsame Eigenschaft der lebenslänglichen Persistenz bzw. Latenz/Rekurrenz im Wirtsorganismus. Herpes-simplex-Virus- und Varizella-Zoster-Virusinfektionen beschränken sich im wesentlichen auf neurale und epitheliale Gewebe; kurze virämische Phasen im

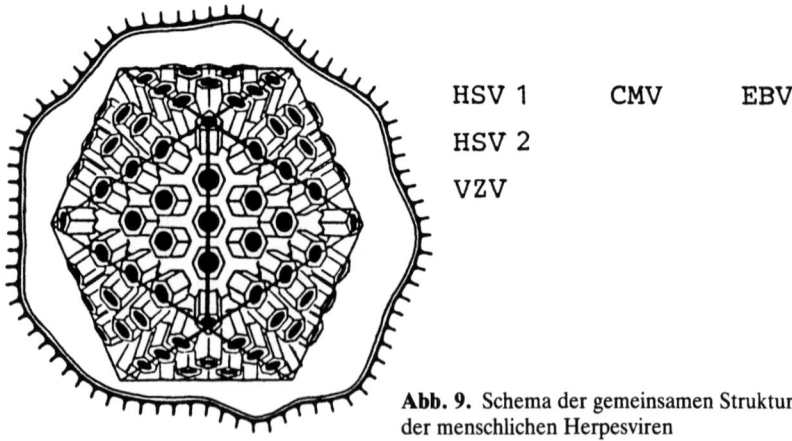

Abb. 9. Schema der gemeinsamen Struktur der menschlichen Herpesviren

Verlauf der Primärinfektion spielen schon statistisch kaum eine Rolle, da die Empfängerpopulation aufgrund der hohen Durchseuchung der Bevölkerung ganz überwiegend neutralisierende Antikörper gegen diese Viren besitzt. Bei der Epstein-Barr-Virus (EBV)- und der Cytomegalievirus (CMV)-Infektion sind die Verhältnisse insofern anders, als nicht nur bei der Primärinfektion, sondern über die gesamte Persistenzdauer von einem bisher nicht abschließend definierten Latenzort aus Zellen des peripheren Blutes infiziert werden können. Für die EBV-Infektion gilt noch die hohe Durchseuchung (nahezu 100% im Erwachsenenalter), während der Anteil CMV-Seronegativer in hochentwickelten Industrieländern bei 20–30jährigen etwa 50% beträgt. Nach EBV-Infektionen seronegativer Bluttransfusionsempfänger sind kaum gravierende Komplikationen über die Entwicklung einer infektiösen Mononukleose hinaus beschrieben worden (11). Anders ist dies bei CMV-Primärinfektionen mit großen Dosen, wie sie in einer Blutkonserve vorliegen können (Tabelle 4 und 5).

Tabelle 4. Klinik der CMV-Primärinfektion

– mit großen Dosen
Hepatitis
Infekt. Mononukleose

– unter Immunsuppression
Pneumonie
Polyradikulitis
Uveitis

Tabelle 5. Hauptübertragungsrisiken der CMV-Infektion

Übertragung auf Neugeb./Frühgeborene	CMV	Übertragung auf Immunsupprimierte
	← Primärinfektion →	
Hepatosplenomegalie		Pneumonie
	Inapparenz	Chorioretinitis
ZNS-Infektion	(Hepatitis/Mononukleose)	Polyradikulitis
Entwicklungsstörung		Transplantatabstoßung
	Persistenz/Latenz	
	← Reaktivierung →	

Um seronegative Patienten besonders in Risikogruppen vor den Gefahren einer CMV-Primärinfektion durch die Blutspende zu schützen, ist deshalb vorgeschlagen worden, Spenderkollektive mit bekanntem CMV-Infektionsstatus zu definieren bzw. Blutspenden durch bestimmte Lagerungsbedingungen und den

Tabelle 6. Korrelation zwischen CMV-Gehalt der Blutspenden und Status der Empfänger

CMV-Infektionsquelle	CMV-Gefährdung	
	Immunsupp./-def.	Seronegative
IgM/IgG-neg. Blut		Seropositive
IgM-neg. Blut	Frühgeborene	Seronegative
IgG/M-pos. Tiefkühl-Konserve		Seropositive
IgG/M-pos. Gewaschene Erythroz.	Neugeborene	Seronegative
IgG-pos. Frischblut (< 48 h)		Seropositive
IgM-pos. Frischblut	Kinder/Erw.	Seroneg./-positive
	Erwachsene	Seropositive

Ausschluß von CMV-IgM-Antikörper-positiven Spenden in ihrer Gefährlichkeit zu minimieren (Tabelle 6). Die Bedeutung von IgM-Antikörpern in Blutspenden als Marker für den Gehalt an CMV-Infektiosität wurde kürzlich von Tegtmeier in einer Übersicht diskutiert [12]. Die Tests, die zur serologischen Untersuchung für die Selektion CMV-seronegativer Spender bzw. für den Ausschluß CMV-IgM-positiver Blutspenden zur Verfügung stehen, sind vergleichbar mit den für das HIV-Antikörperscreening beschriebenen. Der IgG-Antikörpernachweis erfolgt in der Routine mit dem in Abbildung 2 skizzierten ELISA. Auch für die Anwendung in der CMV-Serologie wurden Modifikationen entsprechend Abbildung 3 oder Abbildung 10 entwickelt [13]. Für den IgM-Antikörpernachweis hat sich ein Testverfahren nach dem sog. anti-µ- oder anti-IgM-Prinzip (Abb. 11) bewährt [14], in dem zwar alle IgM-Moleküle aus dem unter-

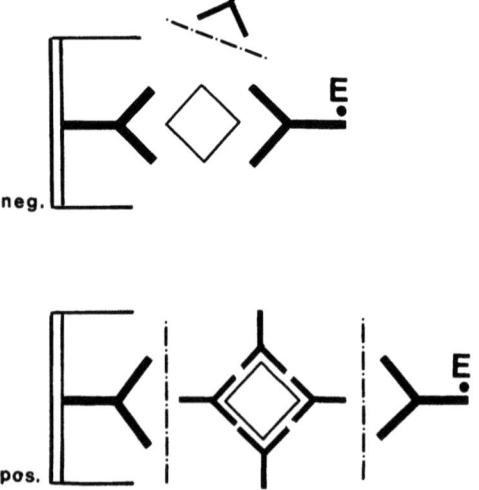

Abb. 10. Einschritt-Kompetitions-Immunoassay zum Nachweis virusspezifischer Antikörper. Monoklonale Antikörper binden Virusantigene und Enzym-konjugierte virusspezifische Antikörper als Komplex, wenn in der Probe keine virusspezifischen Antikörper vorhanden sind (Test negativ). Der Komplex zwischen Virusantigen und spezifischen Antikörpern in der Probe verhindert die Bindung des Konjugats ebenso wie die Bindung des Komplexes an die feste Phase (Test positiv)

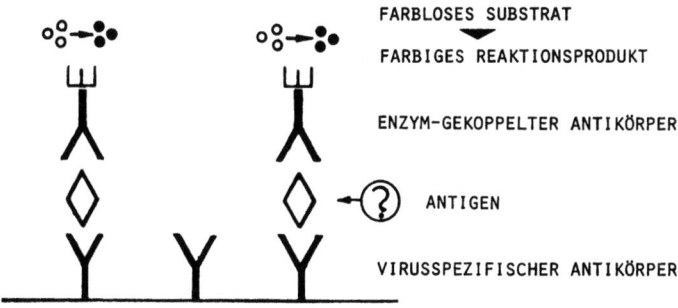

Abb. 11. Festphasen-Enzymimmunoassay zum Nachweis von IgM-Antikörpern mit der Anti-IgM-(Anti-µ-) Technik. Alle IgM-Moleküle eines Serums werden gebunden, durch anschließende Reaktion mit einem definierten Antigen jedoch nur die entsprechenden IgM zur Darstellung gebracht. Statt, wie abgebildet, mit enzymgekoppeltem Antigen (ELA) kann der Test in erweiterter Form, d. h. mit zusätzlicher Bindung enzymgekoppelter Antikörper, durchgeführt werden. Testablauf im Prinzip wie in Abb. 2

suchten Serum im ersten Schritt gebunden werden, die sonst bekannte Störung IgM-spezifischer Tests durch das Rheumafaktor-IgM-Molekül aber nicht möglich ist, da nur CMV-spezifische IgM im zweiten Schritt mit einem enzymgekoppelten CMV-Antigen dargestellt werden. Sensitivität und Spezifität der erwähnten Enzymimmunoassays sind hoch, für Zweifelsfälle sollte jedoch grundsätzlich die indirekte Immunfluoreszenzmethode mit CMV-infizierten menschlichen diploiden Fibroblasten als Referenzmethode sowohl für die IgG- als auch die IgM-Bestimmung gelten [15]. Die Cytomegalievirusinfektion induziert in diesen Zellen die Bildung charakteristisch geformter Antigen-Einschlußkörper in den Zellkernen. Die Methode ist deshalb hinsichtlich der Spezifität fast unbestechlich. Wenn in extrem seltenen Ausnahmefällen trotzdem der Verdacht unspezifischer Reaktivität besteht, können auch für die CMV-Infektion Western-Blot-Verfahren, Filter- bzw. In-situ-Hybridisierung oder Virusisolierung zur Klärung herangezogen werden [16, 17].

Inaktivierungsrekonstruktionsexperimente

Der Nachweis eines „unbekannten" Virus ist weder im Spenderblut noch in Blutderivaten mit einer realistischen Erfolgserwartung zu führen. Hierzu sind die für verschiedene individuelle Viren und Virusgruppen anzuwendenden Techniken zu unterschiedlich. Auch im speziellen Verdachtsfall wird häufig die Sensitivität der verfügbaren Methodik nicht ausreichen, um Virusfreiheit überzeugend unter Beweis zu stellen. Hier soll deshalb kurz auf einen Ausweg aus diesem Dilemma eingegangen werden, der sich in der Beurteilung der Sicherheit

Fractionation process

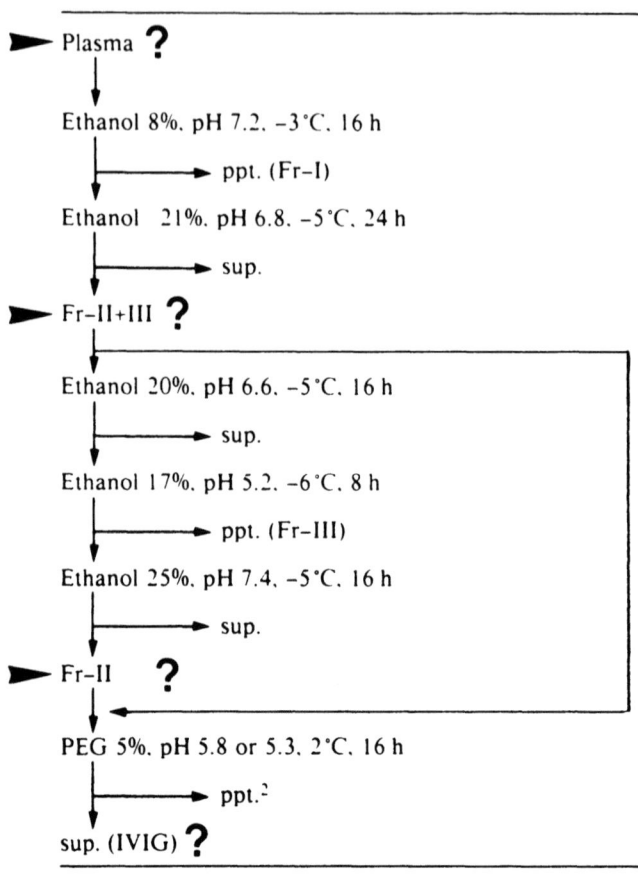

ppt. = Centrifuged paste fraction; sup. = supernatant.
▶ Virus was added to the process.
? Sample was assayed for virus.

Abb. 12. Beispiel eines Inaktivierungsrekontruktionsexperiments zum Nachweis der Virusinaktivierung in verschiedenen konsekutiven Schritten der Plasmafraktionierung (nach Hamamoto et al. [18]).
▶ = Zugabe definierter Virusdosen
? = quantitative Bestimmung nicht inaktivierter und/oder eliminierter Viren.
ppt. = Niederschlag nach Fällung
sup. = Überstand nach Fällung
PEG = Polyethylenglykol
IVIG = Intravenöses Immunglobulin

von Plasmaprodukten bewährt hat. In einem Experiment, das die Plasmaaufarbeitung möglichst getreu rekonstruiert, wird die Inaktivierung gezielt zugegebener definierter Virusdosen nach einem oder mehreren Aufarbeitungsschritten gemessen. Abbildung 12 gibt das Beispiel eines solchen Versuchs bei der Plasmaaufarbeitung durch Äthanol- und Polyethylenglykolfällung an [18]. Das Ergebnis kann unter der Voraussetzung ähnlichen oder identischen Inaktivierungsverhaltens verschiedener Vertreter einer Virusgruppe eine repräsentative Bedeutung über das einzelne getestete Virus hinaus haben. Sehr kritisch muß natürlich auf die Einschränkung bzw. gar die Aufhebung der Gültigkeit eines solchen Rekonstruktionsexperimentes selbst durch geringfügige Änderungen im Produktionsprozeß eines Plasmaproduktes geachtet werden.

Abschließend ist festzustellen, daß die Virologie Wege und Methoden bereithält und weiterentwickelt, um bei Plasmaprodukten, bei Blutspenden und am Spender selbst das Risiko der Übertragung von Virusinfektionen zu kontrollieren und „Virussicherheit" zu gewährleisten.

Eva-Christa Heimer danke ich für die Anfertigung des Manuskripts.

Literatur

1. Kurth R, Mikschy U, Werner A, von Wangenheim G, Fischer H, Löwer J, Brede HD (1985) Methoden zum Nachweis von HTLV-III-Infektionen. In: F. Deinhardt und W. Stangl (Hrsg). Die Bedeutung menschlicher lymphotroper Retroviren für das Blutspendewesen, 23–30. Die Medizinische Verlagsgesellschaft, Marburg/Lahn
2. Habermehl KO (1985) Bestätigungsteste für Anti-HTLV III und Interpretation der Ergebnisse. In: F. Deinhardt und W. Stangl (Hrsg.). Die Bedeutung menschlicher lymphotroper Retroviren für das Blutspendewesen, 31–45. Die Medizinische Verlagsgesellschaft, Marburg/Lahn
3. Deinhardt F, Eberle J, Gürtler L (1987) Sensitivity and specificity of eight commercial and one recombinant anti-HIV ELISA tests. The Lancet I, 40
4. Reesink HW, Huisman JG, Gonsalves M, Winkel IN, Hekker AC, Lelie PN, Schaasberg W, Aaij C, van der Does JA, Desmyter J, Goudsmit J (1986) Evaluation of six enzyme immunoassays for antibody against human immunodeficiency virus. The Lancet II: 483–486
5. Gürtler LG, Deinhardt F (1987) HIV Testing: Serology. AIDS-Forsch, 2: 396–397
6. Kanki PJ, Barin F, M'Boup S, Allan JS, Romet-Lemonne JL, Marlink R, McLane MF, Lee TH, Arbeille B, Denis F, Essex M (1986) New human T-lymphotropic retrovirus related to simian T-lymphotropic virus type III (STLV-III$_{AGM}$). Science, 232: 238–243
7. Clavel F, Guetard D, Brun-Vezinet F, Chamaret S, Rey MA, Santos-Ferreira MO, Laurent AG, Danguet C, Katlama C, Rouzioux C, Klatzmann D, Champalimud JL, Montagnier L (1986) Isolation of a new human retrovirus from West African patients with AIDS. Science, 233: 343–346
7a. Cooper DA, MacLean P, Finlayson R, Michelmore HM, Gold J, Donovan B, Barnes TG, Brooke P, Penny R (1985) Acute AIDS retrovirus infection. Definition of a clinical illness associated with seroconversion. The Lancet I: 537–540
8. Frösner GG (1987) Spezifität und Sensitivität des Anti-HIV-Tests. AIDS-Forsch, 2: 485–488

9. Rübsamen-Waigmann H, Becker WB, Helm EB, Brodt R, Fischer H, Henco K, Brede HD (1986) Isolation of variants of lymphocytopathic retroviruses from the peripheral blood and cerebrospinal fluid of patients with ARC or AIDS. J Med Virol, 19: 335–348
10. Goudsmith J, Paul DA, Lange JMA, Speelman H, van der Noordaa J, van der Helm HJ, Wolf F, Epstein LG, Krone WJA, Wolters EC, Oleske JM, Coutinko RA (1986) Expression of human immunodeficiency virus antigen (HIV-Ag) in serum and cerebrospinal fluid during acute and chronic infection. Lancet II: 177–180
11. Henle W, Henle G, Scriba M, Joyner CR, Harrison FS, von Essen R, Paloheimo J, Klemola E (1970) Antibody responses to the Epstein-Barr virus and Cytomegaloviruses after open-heart and other surgery. New Engl J Med, 282: 1068–1074
12. Tegtmeier GE (1986) Transfusion-transmitted Cytomegalovirus infections: Significance and control. Vox Sanguinis, 51, Suppl 1: 22–30
13. Wielaard F, Scherders J, Dagelinckx C, Hooijmans A, Smit-Siebinga CT, Welle F (1986) Development of CMV antibody tests and their clinical evaluation. Vox Sanguinis, 51, Suppl 1: 31–34
14. Schmitz H, Deimling U, Flehmig B (1980) Detection of IgM antibodies to Cytomegalovirus (CMV) using an enzyme-labelled antigen (ELA). J Gen Virol, 50: 59–68
15. Schmitz H, Haas R (1972) Determination of different Cytomegalovirus immunoglobulins (IgG, IgM, IgA) by immunofluorescence. Arch Ges Virusforsch, 37: 131–140
16. Neumann-Haefelin D (1986) Cytomegalievirus-Infektion: Pathogenese, Diagnose und Prävention. Dtsch Med Wschr, 111: 1251–1257
17. Schuster V, Matz B, Wiegand H, Traub B, Kampa D, Neumann-Haefelin D (1986) Detection of human Cytomegalovirus in urine by DNA-DNA and RNA-DNA hybridization. J Infect Dis, 154: 309–314
18. Hamamoto Y, Harada S, Yamamoto N, Uemura Y, Goto T, Suyama T (1987) Elimination of viruses (human immunodeficiency, hepatitis B, vesicular stomatitis and sindbis viruses) from an intravenous immunoglobulin preparation. Vox Sanguinis, 53: 65–69

Diskussion

Maass:

Ich danke für die Darstellung des sehr komplexen Gebietes der persistierenden Virusinfektionen, die ja nicht nur für die Transfusionsmedizin, sondern für zahlreiche andere Gebiete – Transplantationsmedizin, Onkologie, Neurologie usw. – von erheblicher Bedeutung sind.

Petersen:

Vorhin wurde gesagt, daß die Konserven nicht nur auf HBsAg, SGOT und Antikörper gegen Lueserreger untersucht werden sollen, sondern man müsse sich überlegen, ob nicht auch die Untersuchung auf anti-HBc und anti-HBs sinnvoll sei. Ferner haben Sie ausgeführt, daß eine große Zahl von Spendern auf CMV-Antikörper zu untersuchen ist. Wenn alle immunsupprimierten Patienten ausschließlich CMV-Antikörper-freies Blut erhalten sollen, erfordert dies erhebliche logistische Bemühungen. Führen diese Forderungen nicht letztlich für ein mittleres Krankenhaus zu erheblichen Engpässen? Kann dieses Haus sich mehr als drei Konserven im Jahr leisten, da die Kosten für die Konserven extrem hoch sein werden? Ich gebe Ihnen recht, eine CMV-Infektion eines Neugeborenen ist eine Katastrophe – auf der anderen Seite kommen wir aber an die Grenzen der Wirtschaftlichkeit.

Neumann-Haefelin:

Ich muß Ihnen entgegnen, daß das kleinere Krankenhaus natürlich wenige Patienten hat, die so optimal durchgeprüfte Konserven benötigen. In den anderen Punkten gebe ich Ihnen vollkommen recht. Man muß abwägen zwischen dem, was technisch machbar ist, und dem, was für bestimmte gezielte Empfängergruppen tatsächlich vertretbar ist, d. h. also, ob dieser logistische und finanzielle Aufwand vertretbar ist.

Fiedler:

Ich stimme mit Ihnen darin überein, daß die Endkontrolle auf eine evtl. Viruskontamination bei derartigen Produkten nicht aussagekräftig ist. Aber auch Alternativen – Bestimmung der Viruskonzentration nach Inaktivierungsversuchen – sind bedenklich, da das experimentelle Vorgehen weniger empfindlich sein kann als das „Prüfmodell Mensch". Ich darf auf das Problem des sog. tailing-Effektes hinweisen, d. h. es verbleibt eine Virusfraktion, die durch das angewendete Inaktivierungsverfahren deutlich langsamer inaktiviert wird als der größte Teil der Viruspopulation.

Neumann-Haefelin:

Da gebe ich Ihnen vollkommen recht. Das eine muß das andere ja nicht überflüssig machen, aber ich bezweifle, daß Nachweisversuche im Endprodukt zuverlässigere Aussagen liefern.

Maass:

Die Frage der Virusinaktivierung ist u. a. ein statistisches Problem, das in der Vergangenheit in Zusammenhang mit der Herstellung von Virus-Totimpfstoffen eingehend diskutiert worden ist. In diesem Zusammenhang hat man sich auch mit dem sog. "tailing effect" bei der Virusinaktivierung befaßt, die hierdurch entstehenden Probleme sind zu beherrschen.

In diesem Zusammenhang müssen natürlich auch Überlegungen zur Kosten-Nutzen-Analyse angestellt werden; die Übertragung von Blut oder Blutprodukten ergibt sich meist aus einer vitalen Indikation. Herr Dr. Fiedler hat einmal das Wort eines englischen Transfusionsmediziners zitiert, der – sinngemäß – sagt, daß „die meisten Menschen an dem Blut sterben, das sie nicht bekommen haben, weil nämlich keines vorhanden war".

Virusinaktivierung in Blutprodukten

W. Stephan

Einleitung

Das Ziel aller Maßnahmen zur Sterilisation von Produkten aus menschlichem Blut ist die Verhinderung der Übertragung von viralen Erregern, die im menschlichen Blut bzw. Plasma trotz sorgfältigster Blutuntersuchung vorkommen. Es sind dies vor allem das Hepatitis B-Virus, das HANB Hepatitis-Virus – in diesem Falle muß mit mehreren Erregern gerechnet werden – und das AIDS-Virus (HIV – HTLV-III).
Viren zu inaktivieren ist nicht schwierig, da Viren sehr unstabil sind. Problematisch wird es, wenn man Viren in Gegenwart empfindlicher Proteine inaktivieren will. Dies hat zwei Gründe: zum einen können Proteine Viren stabilisieren und zum anderen sind zahlreiche Proteine – z. B. die Gerinnungsfaktoren – recht unstabil, was die Auswahl der Sterilisationsmethoden und -bedingungen stark einschränkt. Es kommt erschwerend hinzu, daß Proteine in enormem Überschuß vorhanden sind.
Nimmt man z. B. an, daß sich in humanem Plasma 10^6 Viren/ml befinden, so beträgt die Anzahl von Proteinmolekülen das 10^9-fache. Wichtig für alle wasserempfindlichen Sterilisationsmittel ist, daß hydrolysierendes Wasser in großem Überschuß vorhanden ist. Betrachtet man alles in allem, muß man sich wundern, daß Sterilisationsmaßnahmen in humanen Plasmaeiweiß-Lösungen überhaupt funktionieren können. Trotzdem hat man eine Reihe von Sterilisationsmethoden ausgearbeitet, die an den unterschiedlichen Virusstruktur-Elementen angreifen (Abb. 1).
Ein Virus besteht bekanntlich aus einer Protein- bzw. Lipoproteinhülle und einem Kern, der das genetische Material in Form von DNA bzw. RNA enthält. Die äußere Protein- bzw. Lipoproteinhülle trägt die Zellrezeptoren. Mit Hilfe dieser Zellrezeptoren erkennt das Virus die Zielzelle. Diese Zellrezeptoren sind deshalb für die Infektiosität des Virus von enormer Bedeutung. Außerdem trägt die äußere Hülle die antigenen Erkennungsmerkmale des Virus. Mit diesen antigenen Erkennungsmerkmalen reagieren spezifische Antikörper.

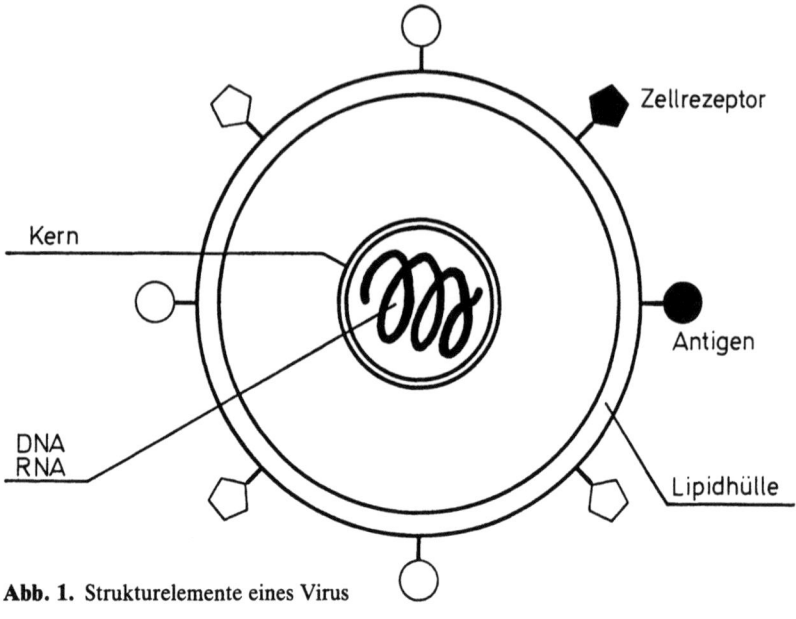

Abb. 1. Strukturelemente eines Virus

Inaktivierung von Viren

Man kann ein Virus auf verschiedene Weisen inaktivieren: Zum einen, indem man die DNA bzw. RNA zerstört, oder zum anderen, indem man die Virushülle auflöst und auf diese Art und Weise die Zellrezeptoren entfernt, so daß das Virus seine Zielzelle nicht mehr erkennen kann. Eine dritte Methode beruht darauf, daß man mit spezifischen Antikörpern Viren neutralisiert. Diese Methode wird auch als Immunadsorptions-Methode bezeichnet, wobei man die entsprechenden Antikörper an feste Träger fixieren kann.

In Tabelle 1 sind die einzelnen Angriffsorte an den Viren für unterschiedliche Inaktivierungsmethoden zusammengestellt. So greift die Methode der Kaltsterilisation [1,2], nämlich die Kombination von β-Propiolacton (β-PL)/UV, vor allem

Tabelle 1. Angriffsorte bei unterschiedlichen Inaktivierungsmethoden

Virus-Struktur	β-PL/UV	Hitze-behandlung	Deter-gentien	Antikörper-behandlung
DNA, RNA	++	+	–	–
Lipoprotein-Hülle	(+)	+	++	–
Zell-Rezeptoren	(+)	+	++	–
Antigene	(+)	+	++	++

die DNA und RNA an. Diese Methode hat kaum einen nachweisbaren Effekt auf die äußere Hülle und somit auf die Zellrezeptoren und die Antigene. Die verschiedenen Methoden der Hitzebehandlung greifen keine der Virus-Strukturen spezifisch an, sondern alle in gewissem Umfang. Das gilt sowohl für das genetische Material des Kerns als auch für die Antigene der äußeren Hülle. Etwas spezifischer ist die sogenannte Methode der Detergentienbehandlung [3]. Diese Methode löst die Lipoproteinhülle des Virus auf und beseitigt die für die Infektion wichtigen Zellrezeptoren. Die spezifischste Methode ist zweifellos die Methode der Antikörperbehandlung: Die Immunadsorption. Hierbei werden Viren neutralisiert, indem spezifische Antikörper mit den antigenen Determinanten der Viren reagieren. Die Tabelle 2 zeigt, wie die aufgeführten Methoden auf molekularer Ebene wirksam werden und worin die Problematik jeder einzelnen Methode liegt. β-PL alkyliert Guanin und UV-Licht modifiziert Pyrimidin, dadurch kommt es zur Bildung von Tymindimeren. Das Problem dieser hochwirksamen Sterilisationsmethode ist, das β-PL cancerogene Eigenschaften besitzt. Es wurde jedoch nachgewiesen, daß β-PL in Plasma sehr schnell zu β-Hydroxy-Propionsäure zerfällt, die außerordentlich gut verträglich und kein Cancerogen ist.

Die Methode der Hitzebehandlung [4] führt zum Schmelzen der Nucleinsäure. Dieser Schmelzvorgang kann reversibel sein, so daß eine besonders wirksame Sterilisationsmethode durch Erhitzen dann vorliegt, wenn die Erhitzungstemperatur möglichst weit oberhalb des Schmelzpunktes liegt, so daß beim Abkühlen der natürliche Ordnungszustand der Nucleinsäure nicht mehr erreicht wird. Beim Erhitzen in Lösung muß für die Proteine ein Stabilisator zugeführt werden. Dieser Stabilisator wirkt jedoch nicht nur stabilisierend auf die Proteine, sondern auch auf die Viren.

Das Problem der Erhitzung in trockenem Zustand besteht darin, daß der Inaktivierungsgrad abhängig von der Restfeuchte ist, und es sehr schwierig ist, eine konstante Restfeuchte von Charge zu Charge und innerhalb einer Charge zu garantieren.

Tabelle 2. Mechanismen und Probleme der Sterilisationsverfahren

Methode	Mechanismus	Problem
β-PL/UV	Alkylierung von Guanin Modifiz. von Pyrimidin → Tymindimere	β-PL: cancerogen
Hitze • feucht (Flüssigkeit) • trocken	Schmelzen d. Nucleinsäure	Stabilisator Restfeuchte
Detergentien	Auflösen der Lipidhülle	freie Nucleinsäure
Immunadsorption	Virus-Neutralisation	Verfügbarkeit der Antikörper
Äthanol (25%, −5 °C)	Denaturierung d. Hülle	Temperatur

Die Behandlung mit Detergentien führt zur Auflösung der Lipidhülle des Virus. Hierbei werden die Zellrezeptoren für die Zielzelle entfernt. Das Problem, das vielleicht etwas theoretischer Natur ist, aber prinzipiell existiert, ist, daß die Nucleinsäure nicht zerstört wird. Nach der Detergentienbehandlung entsteht freie Nucleinsäure und man weiß zumindest bei einzelnen Viren, daß auch freie Nucleinsäure infektiös sein kann (wirkt nur bei Lipidviren).
Die Methode der Immunadsorption ist die spezifischste und auch die schonendste. Das Problem ist hier ganz prinzipieller Art und besteht in der Verfügbarkeit bzw. in der Nichtverfügbarkeit der Antikörper. Wenn wir von den uns hier interessierenden Viren reden, nämlich den Hepatitis-Viren und dem HIV-Virus, so steht nur ein einziger Antkörper zur Verfügung, nämlich der Antikörper gegen HBV.
In Zusammenhang mit Immunglobulinen und AIDS muß auch noch die Behandlung mit Äthanol erwähnt werden. Äthanol denaturiert die Hülle der Viren und wirkt so sterilisierend. Hier muß darauf hingewiesen werden, daß diese Alkoholbehandlung um so wirksamer ist, je höher die Temperatur ist, daß aber bei erhöhter Temperatur auch die Proteine in hohem Maße zerstört werden.

Inaktivierungsrate

Wie hoch muß nun die Inaktivierungsrate eines zuverlässigen Sterilisationsverfahrens sein, um virusfreie Präparate herzustellen? Prince und Stephan [5] kommen zu dem Schluß, daß ein Hämophilie A-Patient pro Jahr mit ca. 100 infektiösen Einheiten von NANB-Viren belastet wird. Wendet man ein Sterilisationsverfahren an, das mehr als 10^6 infektiöse Einheiten von NANB-Viren abtötet, bedeutet dies, daß man *einen* Hämophilie A-Patienten mehr als 10000 Jahre oder *1000* Hämophilie A-Patienten mehr als 10 Jahre ohne Hepatitis NANB-Infektion behandeln kann. Bei Gabe eines F-VIII Konzentrates, das mit einer Effektivität von $10^3 \log_{10}$ Viren sterilisiert wurde, wird ein Patient bereits innerhalb eines Jahres mit einem hohen Infektionsrisiko belastet. Diese Überlegungen haben praktische Konsequenzen für die Langzeitbehandlung mit Gerinnungspräparaten:
1. Ob ein Präparat virussicher ist oder nicht, läßt sich klinisch erst nach Jahren zeigen. Studien, die auf ein halbes Jahr ausgelegt wurden, haben nur eine sehr begrenzte Aussagekraft.
2. Bei der Dauerbehandlung mit einem potentiell infektiösem Plasmaprotein-Derivat nützt eine mäßige Reduzierung der Infektiosität nichts, da es belanglos ist, ob der Patient sofort, nach sechs Monaten oder nach zwei Jahren Behandlungsdauer infiziert wird. Ziel muß es sein, ihn lebenslang virusfrei zu behandeln. Dies ist nach der vorgelegten Berechnung dann der Fall, wenn man in der Größenordnung von 10^6 infektiöse Einheiten inaktivieren kann.

Tabelle 3. Virus-Inaktivierung. Wirksamkeit verschiedener Sterilisationsverfahren gemessen in $\log_{10}$-Stufen [nach 10]

Methode	HBV	HNANBV	HIV
β-PL/UV	6.9	>4.5	>6
Dertergentien	>4	>4	>4.5
feuchte Hitze (Flüssigkeit)	5.5*	5.5*	>5*
heißer Dampf	n.t.	n.t.	>6
trockene Hitze (72 h, 60 °C)	2.5	~1	~1

*inclusive fraktionierter Virus-Elimination (Faktor VIII)

Tabelle 3 zeigt die Inaktivierungsdaten, die Prince 1987 zusammengestellt hat [10]. Am schlechtesten sieht es für die Methode der trockenen Erhitzung aus. Es wurde für Modellviren eine ausreichende Inaktivierung belegt, jedoch für Hepatitis B-Virus nur eine sehr geringe Inaktivierungsleistung von $10^{2,5}$ infektiösen Einheiten. Für das NANB-Virus und vom HIV-1 wurde nicht mehr gezeigt als die Inaktivierung weniger infektiöser Dosen.

Die Tabelle läßt vermuten, daß es mit dem AIDS-Virus, unabhängig vom Sterilisationsverfahren, keine Probleme geben wird, wenn auch die Erhitzung in trockenem Zustand zur Zeit noch mit einem Fragezeichen zu versehen ist. Das Hepatitis B-Virus – auch hier die Trockenerhitzungs-Methode ausgenommen – wird wirkungsvoll inaktiviert. Es sei darauf hingewiesen, daß für das Hepatitis-B-Virus das Inaktivierungsproblem kaum noch existiert, da durch die Hepatitis-B-Serologie immer dafür gesorgt werden kann, daß ein Plasmapool anti-HBs positiv ist. Das wirklich relevante Problem ist die NANB Hepatitis. Hier liegen überzeugende quantitative Daten nur für die Kaltsterilisation mit β-PL/UV und für die Detergentien-Methode vor.

Effektivität von Sterilisationsmethoden

Die Effektivität einer Sterilisationsmethode bzgl. NANB kann nur im Schimpansen erbracht werden. Solche Studien bereiten große Schwierigkeiten, vor allem dadurch bedingt, daß man es mit einem Virus zu tun hat, das durch nichts charakterisiert ist. Die einzigen Parameter zum Nachweis einer Infektion sind erhöhte Transaminasen und charakteristische Veränderungen in der Leber, die im Elektronenmikroskop beobachtet werden müssen. Welche Schwierigkeiten solche Studien mit sich bringen, möchte ich im folgenden kurz erläutern. Abbildung 2 zeigt eine Schemaskizze einer Studie im Schimpansen. Man geht im allgemeinen so vor, daß man das sterilisierte Produkt an zwei Schimpansen verabreicht und nach einer Beobachtungszeit von sechs Monaten denselben Tieren das nicht sterilisierte Produkt gibt. Im Idealfall sieht eine solche Studie dann aus wie hier vorgeführt. Bei Hepatitis-B-Virus sind die Prüfparameter die

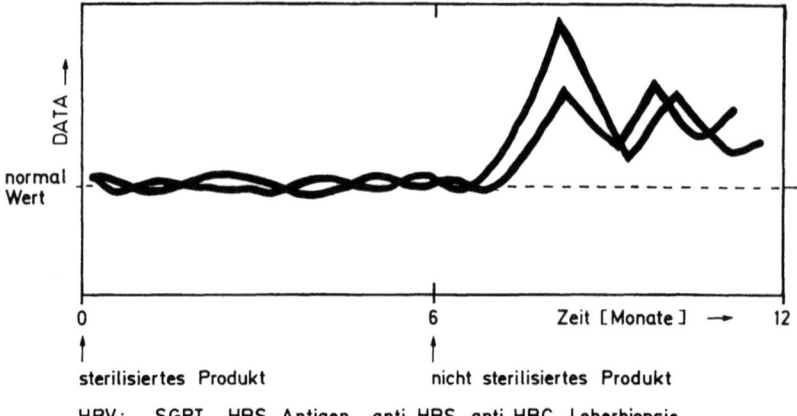

Abb. 2. Schemaskizze eines NANB-Experimentes am Schimpansen

SGPT, das HBs-Antigen, anti HBs, anti HBc und die Leberbiopsie, bei NANB erhöhte Transaminasewerte und die Untersuchung der Leberbiopsie im Elektronenmikroskop. Im Idealfall bleiben sechs Monate nach Gabe des sterilisierten Produkts alle Parameter normal oder negativ. Nach der Inokulation des nicht sterilisierten Produkts zeigen die Tiere anomale Blut- oder Leberwerte als Zeichen dafür, daß die Tiere suszeptibel waren und daß das sterilisierte Material vor der Sterilisation auch wirklich infektiös war.

Man sieht, worin die Hauptschwierigkeit dieser Versuche liegt: daß nämlich einem Tier ein Jahr lang alle 14 Tage Blut und alle vier Wochen ein Stück Lebergewebe entnommen wird. Für jeden dieser Eingriffe muß das Tier betäubt werden. Es muß frei bleiben von Parasitären- und anderen Infektionskrankheiten, die die Versuchsergebnisse in Frage stellen können, so daß der Experimentator erst aufatmen darf, wenn 12 Monate verstrichen sind. Ich möchte ihnen im folgenden ein ideal verlaufenes Experiment [6] vorstellen: die Inaktivierung des Hutchinson-Strains von NANB in Plasma mit β-Propiolacton/UV (Abb. 3). Zwei Tiere erhielten das sterilisierte Plasma und wurden 200 Tage untersucht. Geprüft wurden SGPT sowie im Elektronenmikroskop die Leberbiopsien auf charakteristische Veränderungen für NANB-Hepatitis. Nach 200 Tagen erfolgte dann der Suszeptibilitäts-Test, in dem das nicht sterilisierte kontaminierte Plasma eingesetzt wurde. Nach ungefähr 40 Tagen zeigten beide Tiere einen Anstieg der SGPT und die charakteristischen Leberveränderungen.

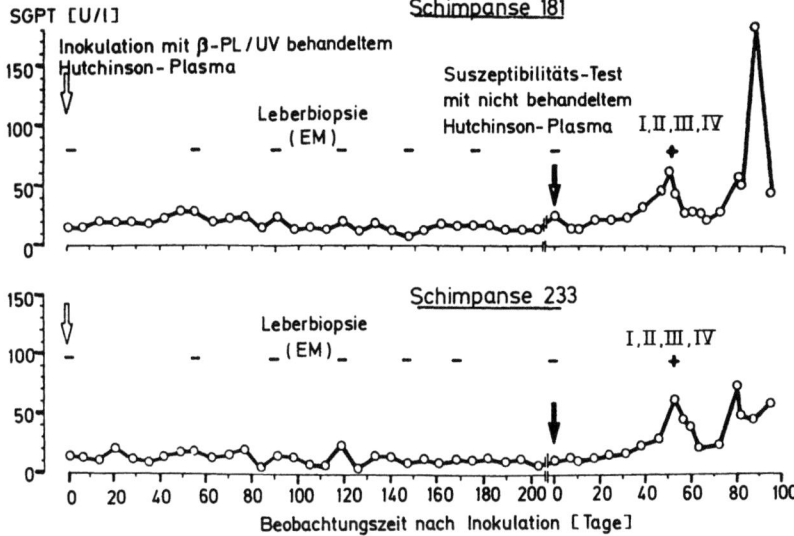

Abb. 3. Inaktivierung des Hutchinson-Stammes von Hepatitis NANB in Plasma durch β-PL/UV, Studie am Schimpansen

Sterilisation von Blutzellen

Wie wir gesehen haben, ist die Sterilisation von Plasmaprotein-Lösungen im Prinzip möglich, wobei Methoden der unterschiedlichsten Effektivität vorgestellt wurden. Dies ist leider nicht der Fall in bezug auf die Sterilisation von Blutzellen.

Tabelle 4 weist auf die Hauptprobleme hin. Wenige Viren sind im tausendfachen Überschuß von Zellen zu sterilisieren, die ihrerseits hundertmal größer als Viren sind. Die kleinen Viren können sich in Zellnischen verbergen und so dem Angriff von Sterilisationsmethoden wiederstehen. Was die Bestrahlungsmethoden betrifft, kann durch „Schattenbildung" das Virus dem Angriff durch Bestrahlung entgehen. Da Blutzellen außerdem sehr unstabil gegenüber chemischen Sterilisationsmethoden und Hitzebehandlung sind, können sie mit den klassischen Sterilisationsmethoden nicht sterilisiert werden.

Tabelle 4. Sterilisation von Zellen

Komponente	Moleküle/ml	Ø (nm)
Virus	10^6	100
Erythrozyten	10^9	8000
Protein	10^{15}	5
H$_2$O	10^{20}	1

Tabelle 5. Wirkung von 10 ml anti-HBV (i. v.) auf die Posttransfusions-Hepatitis-Rate *
[7]

anti-HBV (n = 209)		Kontrolle (n = 208)	
HB	NANB	HB	NANB
0	5	1	10

* durchschnittlich erhielt jeder Patient 5,5 Units Blut

Eine einzige Methode bietet sich dennoch an, indem man antivirale Antikörper auf Blut einwirken läßt. Diese Immunreaktion läuft bei Zimmertemperatur ab und schädigt die Zellen nicht. Das dies auch in der Praxis möglich ist, zeigt eine Studie von Sugg und Schneider [7]. Tabelle 5. Es wurde der Effekt von 10 ml anti-HBs (intravenös) auf die Rate der Posttransfusions-Hepatitis bei Polytransfusion untersucht. Jeder der Patienten erhielt im Durchschnitt 5,5 Units Blut. Es wurden zwei Gruppen gebildet. Eine Gruppe bestand aus 209 Patienten, die 10 ml anti-HBs bekam. Die Kontrollgruppe, die kein Hyperimmunglobulin erhielt, bestand aus 208 Patienten. In der behandelten Gruppe trat keine Hepatitis B auf; in der Kontrollgruppe jedoch auch nur ein Fall, so daß man hier keine Aussage über einen Schutzeffekt machen kann. Überraschenderweise wurde gefunden, daß in der Kontrollgruppe zehn Fälle von NANB auftraten und in der behandelten Gruppe nur fünf Fälle. Zur Erklärung wird diskutiert, daß in einem anti-HBs-Präparat auch Antikörper gegen NANB vorliegen. Man könnte diesen Effekt sicher noch verbessern, indem man die Methode der Inkubation nach Kreuzfeld aufgreift. Das heißt, man gibt intravenöses Hepatitis B-Hyperimmunglobulin in die Konserve, inkubiert und appliziert. Durch ein solches Vorgehen könnte der in der vorgelegten Studie angedeutete Effekt statistisch abgesichert werden.

Sicherheit von Immunglobulinen

Das Thema „AIDS-Infektion nach Immunglobulingabe" wurde bei einem WHO-Meeting in Genf im April 1986 ausführlich diskutiert. Es wurde festgestellt, daß die Cohn-Fraktionierung absolut sichere Präparate liefert. Chromatographische Verfahren, die zur Zeit im Vormarsch sind, wurden als hochriskant angesehen, so daß die Chromatographie unbedingt mit einer Sterilisationsmethode kombiniert werden muß.

In letzter Zeit häufen sich Beobachtungen, daß nach Gabe von intravenösen Immunglobulinen Hepatitis NANB übertragen wurde. Über diese Beobachtungen liegen mehrere zuverlässige Publikationen vor. Man kann die gegenwärtige Situation dahingehend zusammenfassen, daß die Cohn-Fraktionierung allein offenbar keine hundertprozentige Virussicherheit bringt, so daß hier, um absolut sicher zu sein, die Cohn-Fraktionierung mit einer Sterilisationsmethode verbunden werden muß. So wurde für β-PL, das bei der Herstellung des i.v. Immunglobulin-Präparates Intraglobin® eine zentrale Rolle spielt, eine hohe viruzide Aktivität ermittelt. β-PL inaktiviert ~ 7 $\log_{10}$-Stufen an Bakteriophagen [8] und > 3.5 $\log_{10}$-Stufen an HNANB-Viren [9]. Bei diesem Präparat besteht demnach keine Gefahr, Hepatitis NANB zu übertragen.

Zusammenfassung

Zur Sterilisation von Plasmaproteinen stehen verschiedene Verfahren der unterschiedlichsten Wirksamkeit zur Verfügung. Betrachtet man jedoch die Anzahl verfügbarer Präparate, mit denen eine klinische Langzeiterfahrung vorliegt, so sieht das Bild ernüchternd aus, da nur drei sterilisierte Präparate – wenn man Humanalbumin und Immunglobuline ausklammert – länger als fünf Jahre im klinischen Einsatz sind: PPSB (F IX)-Konzentrat (Biotest), Serumkonvere Biseko® (Biotest) und Faktor VIII-Konzentrat (Behring). Von der Lösung des Gesamtproblems, virusfreies Blut herzustellen, ist man zur Zeit noch weit entfernt.

Literatur

1. LoGrippo G, Hartman F (1985) Chemical and combined methods for plasma sterilization. Bibl Haematol, 7: 255–230
2. Stephan W (1982) Fractionation of cold sterilized plasma. A new concept of production on non-infectious plasma proteins. Arzneim-Forsch/Drug Res, 32 (II), 8: 799–801
3. Horowitz B, Wiebe M, Lippin A, Stryker M (1985) Inactivation of viruses in labile blood derivatives. I. Disruption of lipid-enveloped viruses by tri-(n-butyl) phosphate detergent combinations. Transfusion, 25: 516–522
4. Heimburger N, Schwinn H, Gratz P, Luben G, Kumpe G, Hershenhan B (1981) Faktor VIII Konzentrat, hochgereinigt und in Lösung erhitzt. Arzneim-Forsch/Drug Res, 31: 619–622
5. Stephan W (1986). Behandlung der Hämophilie A mit sterilisierten Gerinnungskonzentraten. Infektionsrisiko bei Langzeitbehandlung. Sonderdrucke aus Sozialpädiatrie in Praxis und Klinik 8: 575–578
6. Prince A, Stephan W, Dichtelmüller H, Brotman B, Huima T (1985) Inactivation of the Hutchinson strain non-A, non-B hepatitis virus by combined use of β-propiolactone and ultraviolet irradiation. J Med Virol, 16: 119–125
7. Sugg U, Schneider W, Hoffmeister HE, Huth C, Stephan W, Lissner R, Haase W (1985). Hepatitis B immunoglobulin to prevent non-A, non-B post-transfusion hepatitis. Lancet, i: 405–406
8. Stephan W, Dichtelmüller H (1983) β-Propiolacton als sterilisierendes Agens bei der Herstellung eines intravenösen Immunglobulin Präparates. Arzneim Forsch/Drug Res 33 (II), Nr. 9: 1230–1231
9. Dichtelmüller H, Stephan W, Prince AM, Brotman B Inaktivierung von Hepatitis NANB Virus in i.v. Immunglobulin durch β-Propiolacton. 22. Kongreß der Deutschen Gesellschaft für Transfusionsmedizin und Immunhämatologie, Innsbruck, 29.09.–03.10.87
10. Prince AM, Horowitz B, Horowitz MS, Zang E (1987) The development of virus-free labile blood derivatives – a review. European Journal of Epidemiology, in press

Diskussion

Maass:

Nachdem in den vorherigen Vorträgen über die Auswahl geeigneter Spender und über die Gewinnung eines möglichst sicheren Ausgangsmaterials gesprochen wurde, berührt der Vortrag von Dr. Stephan ein weiteres Problem – zusätzlich vorgenommene Virusinaktivierungen. Vielleicht darf ich zunächst nach der möglichen Induktion von Neoantigenen, der Veränderung der Antigenität der Serumproteine durch die Inaktivierungsverfahren, fragen.

Stephan:

Das muß natürlich jeder Hersteller für sich prüfen, und die Prüfmethode, die sich als wirkungsvoll herausgestellt hat, ist diese: bei einem gegebenen Sterilisationsverfahren, sei es nun β-Propiolacton/UV oder Erhitzung oder Detergentienbehandlung, immunisiert man mehrere Tierspezies mit den entsprechenden Produkten und schaut, ob sich Antikörper gegen sog. Neoantigene bilden oder nicht. Wir haben das in sehr umfangreichen Studien getan, selbst an Schimpansen, und haben nie einen Hinweis darauf erhalten, daß β-Propiolacton/UV Neoantigene erzeugt. Für die anderen Verfahren kann ich das nicht mit der gleichen Sicherheit sagen.

Taborski:

Halten Sie es für sinnvoll, daß fresh frozen plasma – ob aus Einzelspenden oder durch Plasmapherese gewonnen –, auch im industriellen Maße inaktiviert wird und danach als Arzneimittel an die Klinik zurückgegeben wird? Ist das gegenwärtig durchgeführte Vorgehen noch vertretbar?

Stephan:

Ich bin der Meinung, daß in der Serumkonserve für sehr viele Fälle, für die man heutzutage Plasma nimmt, ein adäquates Mittel zur Verfügung steht. Bei diesem Produkt, das Immunglobuline, und andere Proteine enthält, ist das Problem der Hepatitis- und AIDS-Übertragung gelöst. Wir sind zur Zeit dabei, in einer größeren Studie zu prüfen, ob selbst bei dem therapeutischen Plasmaaustausch eine Serumkonserve anstelle von Plasma verwendet werden kann.

Das wäre eine zukunftsweisende Möglichkeit, die auch in Kooperation mit den Blutspendediensten durchführbar wäre.

Maass:

Das einzige Virus, das wir mit der Detergentienbehandlung nicht eliminieren, ist das Parvovirus.

Stephan:

Nach unserem momentanen Wissensstand ist das Parvovirus das einzige, das auf die Detergentienmethode nicht anspricht.

Maass:

Wissen Sie etwas über die Häufigkeit von Infektionen mit diesen Viren unter den Spendern?

Stephan:

Dazu hat Herr Roggendorf einiges gesagt. Das Risiko ist mit dem Hepatitisrisiko nicht vergleichbar, da wegen der starken Durchseuchung eine kontaminierte Konserve im großen Plasmapool neutralisiert würde.

Rechtliche Aspekte zur Transfusion von Blut und Blutprodukten

H. Wartensleben

Einführung

Juristen müssen nicht immer das letzte Wort haben, praktisch sind sie jedoch dann gefordert, wenn bei der Diagnostik oder der Therapie etwas schief gegangen ist. Ich muß sie daher um Nachsicht bitten, wenn jetzt einige Dinge gesagt werden, die nicht unbedingt ihr Gefallen finden.

Blutprodukte – Arzneimittel

Alle Blutkonserven sind Blutzubereitungen und damit Arzneimittel im Sinne des Arzneimittelgesetzes (§ 4 Abs. 2 AMG).
Es gibt Länder – z. B. einige Bundesstaaten der USA –, in denen Blut und Blutzubereitungen als natürliche Stoffe bzw. als Naturstoffe gelten und damit nicht dem Arzneimittelrecht unterliegen.
Bei uns jedoch gilt jede Blutkonserve und jede Blutzubereitung als Arzneimittel.

Zulassungskriterien

Als Arzneimittel muß jede Blutzubereitung drei Kriterien erfüllen:
– Sie muß wirksam sein. Das steht hier außer Frage.
– Sie muß unbedenklich sein.
– Sie muß die erforderliche Qualität besitzen.

Diese drei Kriterien – Wirksamkeit, Unbedenklichkeit und Qualität – sind Voraussetzung sowohl für die Zulassung durch das Bundesgesundheitsamt als auch für den Fortbestand der Zulassung, d. h. Voraussetzung dafür, daß die Zulassung nicht widerrufen oder zum Ruhen gebracht werden kann. Schließlich müssen diese drei Verkehrsfähigkeitsvoraussetzungen so lange vorliegen, als das Arzneimittel an andere abgegeben werden soll.

Die Verkehrsfähigkeit hängt also nicht nur von der Entscheidung des BGA ab, sondern sie ist per Gesetz entweder vorhanden oder fehlt. Es ist juristisch nicht ungewöhnlich, wenn das BGA ursprünglich ein Arzneimittel zum Verkehr zugelassen hat, später allerdings Bedenklichkeitskriterien auftreten, die eine Revision der BGA-Entscheidung notwendig machen. Sollte das BGA, z.B. wegen der Arbeitsüberlastung, die erforderliche Entscheidung nicht rechtzeitig treffen, so haben gleichwohl alle, die das Arzneimittel in den Verkehr bringen (pharmazeutische Unternehmer, Großhandel, Apotheker etc.) den Vertrieb einzustellen, weil § 5 Abs. 1 AMG das Inverkehrbringen bedenklicher Arzneimittel schlechthin verbietet.

Unbedenklichkeit

Das Urteil, ob ein Arzneimittel unbedenklich ist, hängt zunächst einmal vom Produkt selbst ab.

Man kann ein Produkt nicht sicherer machen, als es von Natur aus ist; Sicherheitsdefizite müssen durch entsprechende Produktinformationen reduziert werden. Dies geschieht in den viel kritisierten Packungsbeilagen, den Sachinformationen für die Fachkreise, den Informationen der Arzneimittelkommission der Deutschen Ärzteschaft usw. Sie alle enthalten Vorsichtsmaßnahmen, die vor, bei und nach der Produktanwendung zu beachten sind; aus ihnen muß abgeleitet werden, über welche Risiken der Patient vor der Anwendung aufzuklären ist.

Zum zweiten hängt das Urteil über die Unbedenklichkeit vom Anwender ab. Ein Arzneimittel kann relativ sicher sein, wobei der Grad der Sicherheit von der Sachkunde des Anwenders abhängig sein mag. Die Unbedenklichkeit hat also auch eine anwenderspezifische Komponente.

Zum dritten hängt das Urteil über die Unbedenklichkeit auch davon ab, ob es risikoärmere Therapiealternativen gibt oder nicht.

Es kommt immer wieder vor, daß ein Arzneimittel vom BGA zugelassen wird, unbedenklich ist, doch dann bedenklich in der Anwendung wird, wenn ein neues Arzneimittel auf den Markt kommt, das eindeutig weniger Risiken in sich birgt. Hierbei ist allerdings zu bedenken, daß neue Erkenntnisse in der Regel nicht von Anfang an als gesichert gelten können, so daß sich das Unbedenklichkeitsurteil meist nur sukzessive in ein Bedenklichkeitsurteil ändert.

Risikominimierung

Aus alledem folgt, daß Produktrisiken möglichst minimiert werden müssen, und zwar durch Herstellerinformation, Packungsbeilage, Fachinformationen, notfalls durch Patientenaufklärung. Risiken nämlich, die nicht zu beseitigen sind, muß der Arzt im Aufklärungsgespräch mit dem Patienten erörtern, so daß dieser entscheiden kann, ob er das Risiko eingehen will oder nicht.

Arzneimittel mit unterschiedlichem Risikopotential müssen also durch Zusatzinformationen und Patientenaufklärung auf ein einheitliches Risikoniveau gebracht werden.
Beim anwenderspezifisichen Risiko, wenn das Risiko also vom Verhalten des Anwenders abhängig ist, kann man versuchen, eindringlicher auf den Anwender einzuwirken, etwa durch detailliertere Vorschriften, Kontrollanweisungen etc., um so das Risikobewußtsein zu erhöhen.
Das Ungleichgewicht zwischen zwei unterschiedlich riskanten Produkten kann auch dadurch ausgeglichen werden, daß Anwendungsbeschränkungen (z.B. Kontraindikationen, Hinweise auf notwendige Kontrollen etc.) verfügt werden.
Wenn eine Risikoäquivalenz zwischen zwei Produkten oder Therapiesystemen nicht erreichbar ist, gilt für das riskantere Arzneimittel das gesetzliche Verbot des Inverkehrbringens: § 5 Abs. 1 AMG bestimmt: „Es ist verboten, bedenkliche Arzneimittel in den Verkehr zu bringen."
Das Verbot gilt also kraft Gesetzes, und nicht erst, wenn etwa das BGA einen Zulassungswiderruf oder das Ruhen der Zulassung angeordnet hat. Wer gegen dieses Verbot verstößt, kann mit Freiheits- oder Geldstrafe belegt werden.

Begründeter Verdacht

§ 5 Abs. 2 AMG definiert den Begriff der „Bedenklichkeit" eines Arzneimittels. Bedenklich ist ein Arzneimittel, wenn der begründete Verdacht besteht, daß dadurch unvertretbare Schäden verursacht werden können. Die Bedenklichkeit liegt also nicht erst vor, wenn feststeht, daß das Arzneimittel geeignet ist, unvertretbare Schäden zu verursachen!
In diesem Zusammenhang stellt sich die Frage, wer die Feststellungskompetenz hat, ob ein begründeter Verdacht besteht und ob das Risiko vertretbar oder unvertretbar ist. Nach § 5 Abs. 2 AMG ist die Feststellung des Wahrscheinlichkeitsgrades des Schädlichkeitsrisikos eine Aufgabe der Wissenschaften. Nicht nur die medizinische Wissenschaft, sondern auch die Pharmakologie, Biometrie etc. haben zur Urteilsfindung beizutragen.
Die Entscheidungskompetenz über die Frage der Vertretbarkeit eines Arzneimittelrisikos wird nach der gesetzlichen Definition allerdings nur der medizinischen Wissenschaft eingeräumt. Damit ist das Urteil der anwendenden Ärzte gefordert.

Kosten

Die entscheidende Frage, die in Zukunft eine immer größere Rolle spielen wird, ist, ob bei der Bedenklichkeitsprüfung der Preis des Arzneimittels eine Rolle spielen darf. Nach § 5 Abs. 2 AMG ist das Unbedenklichkeitsurteil ausschließlich risikoabhängig, Wirtschaftlichkeitsüberlegungen scheinen dabei keine Rolle zu spielen.

Die Verkehrsfähigkeit ist also preisunabhängig. Diese Feststellung muß allerdings nicht in gleicher Weise für den Bereich der gesetzlichen Krankenversicherung gelten. §§ 182 Abs. 2, 368 e RVO fordern vom Kassenarzt die Beachtung des Wirtschaftlichkeitsgebotes bei der Behandlung und der Arzneimittelverordnung. Kassenerstattungsfähig sind demnach nur „wirtschaftliche Arzneimittel", für die Verordnungsfähigkeit spielt also der Preis eine Rolle. Allerdings bestimmt Nr. 10 der Arzneimittelrichtlinien völlig zu Recht, daß der therapeutische Nutzen Vorrang vor dem Preis hat.

Das Bundessozialgericht hat bislang nur in einer einzigen Entscheidung angedeutet, daß im Rahmen des sozialen Krankenversicherungssystems die Therapiekosten bei der Wahl zwischen Therapiealternativen mit unterschiedlichem Risikopotential wohl nicht völlig unberücksichtigt bleiben können. In dem zur Entscheidung anstehenden Fall hatte das BSG diese Frage jedoch nicht endgültig beantwortet. Auf diesem Gebiet herrscht also weiterhin Rechtsunsicherheit.

Da der Kassenarzt die Kassenpatienten allerdings mit der gleichen Sorgfalt zu behandeln hat, wie sie für das bürgerliche Vertragsrecht gefordert wird, haben die Kassenpatienten den gleichen Rechtsanspruch auf sorgfältige Behandlung wie die Privatpatienten. Nach § 276 BGB handelt derjenige fahrlässig, der die erforderliche Sorgfalt außer acht läßt.

Sorgfalt

Zu beachten ist, daß das Gesetz nicht die Einhaltung der üblichen Sorgfalt, sondern die Beachtung der erforderlichen Sorgfalt verlangt. Eine selbst dem Konsens der meisten Ärzte entsprechende Behandlung bietet keine Gewähr dafür, daß bei einer späteren rechtlichen Auseinandersetzung das Gericht dem betroffenen Arzt bestätigt, er habe der erforderlichen Sorgfalt gemäß gehandelt. Die Entscheidung über die Erforderlichkeit eines bestimmten Sorgfaltsgrades wird sehr leicht retrospektiv vom Schadensausmaß beeinflußt. Ein und dasselbe Verhalten kann etwa nur eine Befindlichkeitsstörung verursachen oder einen spektakulären Schaden, der die Gemüter der Öffentlichkeit erregt. Es ist nicht zu bestreiten, daß Gerichte dem betroffenen Arzt im zweiten Fall eher die Einhaltung einer zwar „branchenüblichen Sorgfalt" bestätigen, die jedoch nicht der vom Gesetz geforderten „erforderlichen Sorgfalt" entspreche, als dies im ersten Fall zu erwarten wäre. Man muß sich von dem Gedanken frei machen, daß Urteile ausschließlich unter Berücksichtigung objektiver Kriterien zustande kommen. Wie alle menschlichen Entscheidungen sind auch richterliche Entscheidungen von subjektiven Grundhaltungen, Werturteilen, unter Umständen auch von der öffentlichen Meinung beeinflußt.

Bei allen medizinischen Sachfragen wird jedoch der medizinische Sachverständige das Gericht sachkundig beraten, so daß die Gefahr eines aus ärztlicher Sicht falschen Urteils relativ gering ist. Gleichwohl ist zu beachten, daß Gerichte nicht gezwungen sind, dem Sachverständigen-Urteil unbedingt zu folgen. Sie können in positiver wie auch in negativer Hinsicht vom Gutachter-Votum abweichen, müssen dies allerdings überzeugend begründen.

Schlußbemerkungen

Blutzubereitungen sind nur verkehrsfähig, wenn sie unbedenklich sind, d. h. unvermeidbare Risiken nach dem Stand der medizinischen Wissenschaft vertretbar erscheinen.
Da der therapeutische Nutzen Vorrang vor dem Preis hat und der Kassenarzt gesetzlich verpflichtet ist, die gleiche erforderliche Sorgfalt gegenüber den Kassenpatienten anzuwenden wie gegenüber Privatversicherten, darf sich der Kassenarzt – lediglich aus Kostengründen – nicht für die riskantere Behandlungsalternative entscheiden: im übrigen muß der Patient vor der Behandlung über unterschiedliche Risikoexpositionen aufgeklärt werden.
Das Verkehrsverbot des § 5 Abs. 1 AMG gilt – unabhängig von etwa fehlenden oder vorhandenen, aber abweichenden BGA-Entscheidungen – kraft Gesetzes bei objektiv feststehender Bedenklichkeit eines Arzneimittels. Unbedenklichkeitsurteile gelten nur so lange, als durch neue Risiken oder risikoärmere Behandlungsalternativen nach Auffassung der medizinischen Fachkreise eine Bewertungsänderung nicht erforderlich ist.

Diskussion

Maass:

Ähnliche Überlegungen haben Sie auch an anderen Stellen vorgetragen, m. E. ergeben sich hieraus einige Fragen. Wie will ein Jurist dies alles von der Ärzteschaft verlangen? Muß die Zuständigkeit des BGA nicht erweitert werden? In mehreren, in den letzten Jahren durchgeführten Studien wurde z. B. übereinstimmend nachgewiesen, daß trockenerhitzte Faktorenkonzentrate nicht sicher im Hinblick auf eine mögliche Übertragung der Non-A/Non-B-Hepatitisviren sind. Diese Präparate sind jedoch weiterhin vom BGA zugelassen und werden von den Ärzten weiterhin angewendet. Muß dem BGA nicht die Kontrolle der Ergebnisse wissenschaftlicher Untersuchungen übertragen werden, so daß einzelne Präparate früher als jetzt möglich vom Markt genommen werden können?

Wartensleben:

Unser Bundesgesundheitsamt in Deutschland hat nicht dafür zu sorgen, daß für notleidende Patienten Arzneimittel zur Verfügung stehen. Es sieht seine Aufgabe aufgrund des Arzneimittelgesetzes ausschließlich darin, festzustellen, ob ein Arzneimittel bedenklich ist oder nicht. Bedenkliche Arzneimittel sind möglichst schnell zu eliminieren. Da das BGA aber eine Bundesbehörde ist, und der Bund der Gesetzgeber, würden Sie unseren Gesetzgeber maßlos überschätzen, wenn er etwa eine Amtspflicht des BGA dahingehend statuiert hätte, daß das BGA sozusagen die letzte Autorität wäre, mit deren Entscheidung pharmazeutische Unternehmen und Ärzte von eigener Verantwortung befreit wären. In § 25 Abs. 10 AMG wird ausdrücklich festgehalten, daß die zivil- und strafrechtliche Verantwortlichkeit des pharmazeutischen Unternehmers von der Entscheidung des BGA unberührt bleibt.
Wenn der Arzt in § 25 Abs. 10 AMG nicht genannt wird, so darf daraus nicht geschlossen werden, daß lediglich eine duale Verantwortung (pharmazeutischer Unternehmer – BGA) vorliegt. Das AMG wendet sich in erster Linie an diejenigen, die Arzneimittel in den Verkehr bringen und nicht abschließend auch an diejenigen, die die Arzneimittel anzuwenden haben.
Ganz aktuell ist das Problem bei Faktor VIII und dem AIDS-Desaster. Es laufen strafrechtliche Ermittlungsverfahren gegen hohe Beamte der Gesundheitsbehörden.

Unabhängig davon werden Regulierungsgespräche mit den pharmazeutischen Unternehmen, die Faktor-VIII-Präparate in den Verkehr gebracht haben, geführt. Es gibt hier noch keine Prozesse, weil die Geschädigten noch auf gütlichem Wege versuchen, eine Einigung zu erzielen. Erst wenn das mißlingt, wird der eine oder andere Geschädigte prozessieren. Wir müssen einfach zur Kenntnis nehmen, daß unser BGA nicht die letzte Instanz und die letzte Autorität vom Rechtssystem her ist. Man darf aus dem Schweigen des BGA, aus der Untätigkeit des BGA, nicht den Schluß ziehen, alles sei in Ordnung. Leider nicht.

Pollmann:

Wie stellt sich ein Jurist die Vermittlung wissenschaftlicher Erkenntnisse an Ärzte vor? Muß ich, der ich zufällig einige Studien über Gerinnungsprodukte kenne, diese Ergebnisse an meine Kollegen weitergeben? Es gibt keine Institution, keine Bekanntmachung oder ähnliches, die z. B. sagt, daß ab sofort trokkenerhitzte Faktor-VIII-Präparate nicht mehr zu verwenden sind. Warum wird die einmal ausgesprochene Zulassung solcher Produkte vom BGA nicht zurückgezogen?

Wartensleben:

Wäre es so, wie Sie es lösen würden, dann stünde eben im § 5 Abs. 2 AMG nicht, daß über die Bedenklichkeit die medizinische Wissenschaft entscheidet, sondern das Bundesgesundheitsamt. Das BGA hat lediglich feststellende Funktion, nämlich, sich umzuhören, was in den entsprechenden Fachkreisen der medizinischen Wissenschaft gesagt wird. Hier kommen wir an einen neuralgischen Punkt: Ein Jurist hat einmal gesagt, der Stand der medizinischen Wissenschaft ist dadurch charakterisiert, daß er kontrovers ist. Genauso wenig wie in anderen Wissenschaften findet man in der medizinischen Wissenschaft den berühmten Konsens, um einstimmige Entscheidungen zu treffen. Letztlich kommt dann dem BGA eine entscheidende Funktion zu, wenn Professor X, Y oder Z zu einer unterschiedlichen Meinung kommen. In letzter Konsequenz kommt dem BGA eine Entscheidungskompetenz zu, die im Gesetz nicht zum Ausdruck kommt, weil es vom nicht realisierbaren Idealzustand eines immer bestehenden wissenschaftlichen Konsenses ausgeht.
Eine Möglichkeit des BGA, einen Konsens oder Dissens festzustellen, ist zum Beispiel das Anhörungsverfahren, das Hearing im Studienplanverfahren. Bei Gefahrenstufe I gibt es Risikohinweise; eine Entscheidung ist noch nicht möglich oder fällig. Bei Stufe II wird meist eine öffentliche Anhörung angeordnet. Der pharmazeutische Unternehmer und Sachverständige aus allen Ländern werden vom BGA angehört; innerhalb von 3 Monaten wird danach eine Entscheidung getroffen.
In der Konsequenz aber muß der pharmazeutische Unternehmer unter Umständen schon vorher handeln. Es muß nicht immer erst ein solches spektakuläres Hearing veranstaltet werden, denn allein die organisatorischen Vorbereitungen hierfür können bis zu drei Monaten dauern. Das BGA kann auch ohne Anhö-

rung eine Entscheidung treffen. Einmal kann es dem pharmazeutischen Unternehmer mitteilen, daß die Absicht besteht, die Zulassung zu widerrufen. Es wird ihm damit ein rechtliches Gehör eingeräumt. Andererseits kann die Situation so sein, daß Gefahr im Verzuge ist; hier ist eine Entscheidung ohne rechtliches Gehör möglich. Wenn die Situation noch nicht so risikoträchtig ist oder noch unklar, kann das BGA die Zulassung zunächst zum Ruhen bringen.
Sie sehen, das BGA hat eine ganze Reihe von Reaktionsmöglichkeiten, und doch liegt die letzte und überzeugendste Entscheidungskompetenz nicht beim BGA. Der Gesetzgeber hat eben daneben die Verantwortlichkeit des Arztes und des pharmazeutischen Unternehmers gestellt.
Der Arzt, der immer mit Individuen zu tun hat, hat individuelle, patientenbezogene Risikoentscheidungen zu treffen und die Patienten über verbleibende Risiken aufzuklären. Es bleibt ein vielleicht für Sie unbefriedigendes Ergebnis. Ich finde es gut, daß wir Verantwortung praktizieren müssen oder dürfen. Jeder hat seinen eigenen Verantwortungsbereich und unterschiedliche Maßstäbe für die Beurteilung von Nutzen und Risiko eines Arzneimittels; er wird gemessen an dem, was letztlich ein Gericht mit Hilfe von medizinischen Sachverständigen als die erforderliche Sorgfalt statuiert.

Fiedler:

Ich möchte noch einen Schritt weitergehen; das BGA ist durch eine Umfrage – im Rahmen des Stufenplanes – zu den Risiken trockenerhitzter Präparate aktiv geworden. Aufgrund dieser Umfrage ist das BGA zu der Überzeugung gekommen, daß das Inverkehrbringen trockenerhitzter Faktor-VIII-Präparate nach wie vor unbedenklich ist. Dies Urteil steht im Widerspruch zu früheren Angaben von Dr. Pollmann und anderen Kollegen. Welche Möglichkeiten bestehen für den Anwender – nachdem das BGA gesprochen hat –, der dieses Produkt weiterhin für bedenklich hält?

Pollmann:

Die Anhörung betraf nur HIV, nicht Hepatitis-Non-A-Non-B.

Wartensleben:

Es gibt viele Urteile, in denen das Problem schlicht dadurch gelöst wird, daß nicht auf das konkrete Schadenspotential, sondern lediglich auf die generelle Schädlichkeit abgehoben wird.
Das Problem in der Praxis stellt sich meines Erachtens in dieser Kontroverse nicht, weil nämlich ganz klar ist: Wenn Therapiealternativen mit unterschiedlicher Risikoexposition bestehen, dann muß der anwendende Arzt ohne jegliche Einschränkung den Patienten vorher aufklären, denn letztlich geht unsere Verfassung von der Willensfreiheit und dem autonomen Patienten aus. Niemand besser als die Ärzte wissen, daß die Willensfreiheit im Krankheitsfall nur sehr eingeschränkt gegeben ist.
Wenn Sie den Patienten nicht aufklären, begehen Sie eine Körperverletzung, auch dann – und das wissen viele Ärzte nicht –, wenn kein Schaden eingetreten

ist. Dies ist deshalb möglich, weil der ärztliche Eingriff per definitionem eine Körperverletzung darstellt. Wenn diese Körperverletzung ohne vorherige Einwilligung des Patienten erfolgte, ist sie rechtswidrig. Der Patient kann einen Arzt also auch dann wegen Körperverletzung anzeigen, wenn er ohne Aufklärung über das Hepatitisrisiko eine Transfusion erhielt, auch wenn diese Transfusion ohne Schaden bzw. Infektion für ihn verlaufen ist.
Das Problem ist aber, daß Sie bei gewissenhafter Wahrnehmung der Aufklärungspflicht in der Praxis keinen Patienten mehr finden, der die z.B. riskantere und preisgünstigere Möglichkeit wählt. Das Problem stellt sich in der Praxis eben nicht in der Schärfe, wie es hier fokussiert wurde. Das Problem löst sich automatisch, wenn die Ärzte ihre Aufklärungspflicht so wahrnehmen, wie die Gerichte es fordern.

Swoboda:

Bei Eigenblutpräparaten sind Spender und Empfänger identisch, nach allgemeiner Annahme fallen diese Präparate deshalb nicht unter das AMG. Wie sehen Sie die Frage?

Wartensleben:

Wenn Sie Eigenblut während einer Operation abnehmen und dem Patienten ohne vorherige Behandlung während des Eingriffs wieder zufügen, handelt es sich hierbei sicherlich nicht um ein Arzneimittel. Der Arzneimittelbegriff ist beim Blut an die Blutzubereitung geknüpft. Beispielsweise kann das Blut durch Stabilisatoren haltbar gemacht werden. Dann ist diese Blutzubereitung ein Arzneimittel, auch wenn das für nur eine halbe Stunde oder für einige Stunden geschieht.
Wichtig für ein Arzneimittel ist aber auch, ob es in den Verkehr gebracht wird. Immer dann, wenn ein Produzent vorhanden ist, die Firma X, Y oder das Rote Kreuz, und solches stabilisiertes Blut wird geliefert, ist dieses eindeutig in den Verkehr gebracht. Damit gilt das AMG. Wenn aber ein Arzt, der einen bestimmten Patienten behandelt, Blut abnimmt, durch Zusätze stabilisiert und diesem bestimmten Patienten wieder zuführt, handelt es sich nach meiner Auffassung noch nicht um ein Inverkehrbringen. Aber natürlich gibt es dafür noch keine Urteile.
Das Problem Eigenblut stellt sich rechtlich ja jetzt erst in der Diskussion. Neben dem AMG gibt es aber noch die Rechtsordnung, z.B. das BGB, in dem die allgemeinen Sorgfaltspflichten niedergelegt sind.
Man muß also in dieser Frage den Einzelfall genau differenzieren. Beachten Sie aber bitte, wenn Sie zu dem Ergebnis gekommen sind, daß das AMG nicht zur Anwendung kommt, daß Sie sich damit nicht automatisch im rechtsfreien Raum befinden. Sie sind also immer noch im allgemein gültigen strafrechtlichen oder zivilrechtlichen Raum, wo Sie jedermann die erforderliche Sorgfalt schulden.

Panel-Diskussion

Maass:

Ich habe hier einige Fragen, die mir in der Zwischenzeit zugegangen sind. Ich möchte meine Mitstreiter bitten, dazu Stellung zu nehmen. Frage an Dr. Hartenauer: „Wie sehen Sie die Möglichkeit einer Autotransfusion in einem Krankenhaus ohne eigene Blutbank?"

Hartenauer:

Autotransfusionen sind nicht an das Vorhandensein einer eigenen Blutbank gebunden; sie sind allerdings gebunden an das Vorhandensein bestimmter Maschinen, Zellsaversysteme, an Kenntnisse. Gleiches gilt auch für andere Fremdblut-einsparende Verfahren, z. B. die isovolämische Hämodilution – auch sie ist nicht an das Vorhandensein einer Blutbank gebunden.

Taborski:

Dieser Ansicht möchte ich auf das Schärfste widersprechen. Zur Herstellung von Eigenblut-Konserven benötigen Sie eine Herstellungsgenehmigung. Soll das Blut in irgendeiner Form verändert werden – sei es durch Zellsaver oder durch Zusatz von Stabilisatoren – bedeutet dies die Herstellung eines Produktes, für das eine Herstellungsgenehmigung und das Vorhandensein einer entsprechenden Einrichtung benötigt wird. Diese Möglichkeiten sind m. E. ohne das Vorhandensein einer Blutbank nicht gegeben.

Maass:

Wie wir eben von juristischer Seite gehört haben, ist die Blutbank nicht der allein Verantwortliche.

Fiedler:

Man muß immer unterscheiden, ob es sich um ein Arzneimittel handelt oder nicht; handelt es sich um ein Arzneimittel, so ist festzustellen, ob dieses Arzneimittel zulassungsbedürftig ist oder nicht. Außerdem ist bei einem Arzneimittel zu entscheiden, ob seine Herstellung gem. § 13 AMG erlaubnispflichtig ist. Anhand dieser Kriterien ist festzustellen, ob eine beabsichtigte Maßnahme zulassungspflichtig, erlaubnispflichtig ist oder nicht.

Maass:

Vielleicht sollten wir die Diskussion rechtlicher Fragen beenden. Es liegt eine weitere Frage an Prof. Neumann-Haefelin vor: „Sind inzwischen auch HIV-Erreger im Blut nachweisbar, oder ist die Diagnostik auf den Antikörpernachweis begrenzt? Führt HIV zu einer Stimulierung oder einer Depression der T-Lymphozyten?"

Neumann-Haefelin:

HIV kann natürlich im Blut nachgewiesen werden, hierzu habe ich in meinem Vortrag einige Angaben gemacht. Bei der Beantwortung des zweiten Teils der Frage muß man darauf hinweisen, daß HIV in der ersten Phase der Infektion durchaus eine immunstimulierende Wirkung haben kann. Für den Gesamtverlauf der Infektion – und letztlich für das Auftreten von Krankheitssymptomen – ist dieses Phänomen ohne Bedeutung.

Maass:

In einer Zusatzfrage wird die Bedeutung des Antigentests angeschnitten. Bedeutet ein positiver Antigentest die Anwesenheit von infektiösem Virus – und umgekehrt, ein negativer Reaktionsausfall das Fehlen von infektiösem Virus?

Neumann-Haefelin:

Der Nachweis von HIV-Antigen spricht mit großer Wahrscheinlichkeit für die Anwesenheit von infektiösem Virus – vorausgesetzt der Test wurde korrekt durchgeführt. Der negative Ausfall des Antigentests beweist nicht das Fehlen von infektiösem Virus. Die Häufigkeit falsch-positiver Reaktionsausfälle mit den derzeit zur Verfügung stehenden Antigentests wird von verschiedenen Untersuchern unterschiedlich angegeben, so daß ich mich hierzu nur zurückhaltend äußern möchte. Fällt der Nachweis von HIV-Antigen positiv aus, so kann z.B. das untersuchte Blut nicht zur Transfusion verwendet werden.

Maass:

Die Verwendung von HIV-Antikörper-positivem Blut ist schon aus rechtlichen Gründen ausgeschlossen. Welche Bedeutung haben Antigen-positive, aber HIV-Antikörper-negative Blutspenden?

Fiedler:

Hierzu kann ich eine zusätzliche Information geben. Auf der vor kurzem durchgeführten Tagung für Transfusionsmedizin in Innsbruck wurde über 130000 HIV-Antigentests bei unauffälligen Blutspendern berichtet, in keinem Fall wurde ein Antigenpositiver Spender gefunden.

Maass:

Der Antigennachweis ersetzt also den Nachweis infektiöser Viren nicht. Der Antigennachweis stellt eine zusätzliche Information dar, die für den Kliniker z. B. zur Kontrolle der Therapiemaßnahmen wichtig ist.
Es liegt eine Frage an Dr. Stephan vor: „Sicherheit, TNBP-Inaktivierungsverfahren, klinische Relevanz der Parvoviren". Zu den Parvoviren wurde bereits Stellung genommen, vielleicht können Sie etwas zu den anderen Fragen sagen.

Stephan:

Herr Dr. Roggendorf hat hierzu bereits einiges gesagt. Die Gefahr der Übertragung einer Parvovirusinfektion durch eine Blutübertragung ist nach seinen Angaben um Größenordnungen geringer als z. b. die Übertragung von Hepatitisviren. Wesentlich ist natürlich auch, ob Blut oder Blutpräparate verabreicht werden; die Gefahr einer Erregerübertragung ist bei Blutübertragungen generell größer als bei Verabreichung von Plasmaprodukten, die verschiedene Reinigungsschritte durchlaufen. Ich habe auch bereits darauf hingewiesen, daß es mehrere wirksame Inaktivierungsschritte gibt. Meines Erachtens ist das Parvovirus-Problem kaum existent.

Maass:

Eine weitere Frage an Dr. Stephan: „Wie sicher im Hinblick auf HTLV-I-III ist die Therapie mit Hyperimmunseren und mit 7 S-Immunglobulinen bezüglich der Virusübertragung? Kann man mit diesen Präparaten HIV und HTLV übertragen?"

Stephan:

Ich kann mich im wesentlichen auf das beziehen, was ich in meinem Vortrag gesagt habe. Auf dem WHO-Treffen in Genf ist im Hinblick auf normale Immunglobuline als auch auf Hyperimmunglobuline folgendes festgestellt worden: nach COHN fraktionierte Immunglobuline und Hyperimmunglobuline sind als „AIDS-sicher" anzusehen, die ausschließlich durch chromatographische Verfahren gewonnenen Produkte müssen zusätzlich sterilisiert werden. Bei der Hepatitis-Non-A-Non-B sind grundsätzlich andere Gegebenheiten zu beachten. Wie ich bereits sagte, müssen aufgrund von Publikationen in jüngster Zeit ausschließlich chromatographisch fraktionierte iv-Immunglobuline – polyvalente oder Hyperimmunglobuline – als nicht 100%ig sicher angesehen werden. Jedes Fraktionierungsverfahren muß also einen Sterilisationsschritt beinhalten, um eine Übertragung von Hepatitis-Non-A-Non-B mit Immunglobulinen auszuschließen.

Maass:

Sind in Deutschland ausschließlich chromatographisch hergestellte Präparate auf dem Markt?

Stephan:

Nach meinem Wissen ist ein schwedisches Präparat auf dem Markt.

Maass:

In einer weiteren Frage wird Dr. Stephan um eine vergleichende Darstellung der auf dem Markt befindlichen high-risk-Präparate gebeten – ein sehr weit gespanntes Thema.

Stephan:

In aller Kürze läßt sich hierzu folgendes sagen: die vorhandenen high risk-Präparate lassen sich in drei Gruppen unterteilen, Serumkonserven, Faktor IX-PPSB-Konzentrat und Faktor VIII-Konzentrat. Serumkonserven, die durch β-Propiolacton und UV sterilisiert wurden, sind – wie durch zahlreiche Schimpansenversuche und klinische Studien belegt ist – als sicher anzusehen. Auch das Faktor IX-PPSB-Konzentrat, das derart sterilisiert wurde, hat sich seit Jahren als sicher erwiesen; auch hierzu liegen entsprechende Studien vor. Das gleiche gilt für den Faktor VIII, der pasteurisiert wurde.

Maass:

Die letzte Frage lautet: „Welche Virusinaktivierungsmethoden für Blutderivate, z.B. PPSB, Faktor VIII, gelten als virussicher und sind sowohl von der FDA als auch vom BGA anerkannt?"

Stephan:

Meines Erachtens besteht international darin eine Übereinstimmung, daß sich folgende drei Sterilisationsverfahren bewährt haben: β-Propiolacton/UV, die Behandlung mit Detergentien (TNBP) und die Pasteurisation in Lösung. Diese Verfahren sind sowohl von der FDA als auch vom BGA anerkannt, für alle liegen gute klinische und experimentelle Studien – vor allem hinsichtlich Hepatitis-Non-A-Non-B und HIV – vor. Grundsätzlich muß aber angemerkt werden, daß die Zulassungsbehörden keine Methoden, sondern Präparate zulassen.

Maass:

Meine Damen und Herren, ich danke Ihnen sehr herzlich für Ihre Bereitschaft, zuzuhören und zu diskutieren. Ich glaube, wir haben einige Informationen über die Virussicherheit von Blut, Plasma und Plasmaprodukten erhalten. Auf der einen Seite steht das große Gebiet der zellulären Blutbestandteile, das dem Kliniker hinsichtlich des Infektionsrisikos Sorge bereiten muß. Auf der anderen Seite haben wir von erfolgreichen Schritten auf dem Gebiet der Sterilisation von Proteinbestandteilen des Plasmas gehört. Ich danke allen Rednern – vor allem auch den beiden Sprechern, die uns über rechtliche Fragen bei der Gewinnung und Herstellung von Blut bzw. Blutprodukten und bei der Anwendung dieser Produkte informiert haben. Wir haben etwas über die verschiedenen, hämatogen übertragenen Viren gehört, die in Zusammenhang mit der Verabreichung von Blut oder Blutprodukten von Bedeutung sind. Einige dieser Viren waren eine Zufallsentdeckung; die Anwendung neuer Methoden in der Virologie wird uns vielleicht über die Existenz weiterer, heute noch unbekannter Viren informieren. Diese Unsicherheit bei der Herstellung von Blutprodukten sollte m. E. auch bei der Diskussion rechtlicher Fragen in diesem Zusammenhang berücksichtigt werden.

Ich danke Ihnen für Ihr Interesse und Ihre Diskussionsbereitschaft!

Sachverzeichnis

AIDS 3, 28
- Risiko 31
- Verlauf 42
Albuminsubstitution 4
Aplastische Anämie 20
Arzneibuch, Deutsches 34
Arzneimittel, Risikobewertung 29
- Sorgfaltspflicht 67
- Unbedenklichkeit 65
- Zulassung 65
Arzneimittelgesetz 26 ff.

Babesia microti 12
Biseko 61
Blutkomponenten 5
Blutkonserven 64
Blutprodukte 26 ff., 64
- Sicherheit 28 f.
Bluttransfusion 26 ff., 35
- Infektionsrisiko 20
Blutzubereitungen 64
CMV-Infektion 45 ff.
CMV-Serologie 46 f.
Cytomegalie 12
Cytomegalievirus 37

Detergentien 55
DNA 54

Eigenbluttransfusion 32, 72
ELISA 37 ff.
Epstein Barr Virus 12, 37
Erythema infectiosum 20
Erythrozytenkonzentrat 4, 6

Faktor IX-Konzentrat 61
Faktor VIII 30, 69
Faktor VIII-Konzentrat 61, 76

Festphasen-Enzymimmunoassay 44
Frischblut 5, 7
Frischplasma 4, 6, 26 ff.

Gerinnungsstörungen 4

HBeAg 25
HBsAg 13
HBV DNA 13, 25
Hepatitis A 16
Hepatitis B 12, 13 ff., 30
Hepatitis B Virus 37, 53
Hepatitis B, Schimpansen 14 f.
Hepatitis Delta 12, 16
Hepatitis Delta Virus 24, 37
Hepatitis Delta, Inzidenz 17
- Risikogruppen 16
- Verlauf 17
Hepatitis Non A/Non B 3, 12, 18 f., 30
Hepatitis Non A/Non B Virus 37, 53, 56
Hepatitis Non A/Non B, Schimpansen 58 f.
Hepatitis, transfusionsbedingt 23
Hepatitis-B-Impfung 15
Hepatitisinfektion 29
Herpesviren 44
HIV 37, 53
HIV-Antigen 74
HIV-Antikörper 30
HIV-Antikörpertests 39
HIV-I-Genom 41
HIV-II-Genom 42
HIV-Isolierung 43
HIV-Test 3, 35
Hydrops fetalis 20

Immunadsorption 56
Immunfluoreszenz 40

Immunglobuline, Sicherheit 60
Immunoblot 40
Intraglobin 61

Malaria 12

Parvovirus 63, 75
Parvovirus B 19 20
– Immunität 25
Plasma 26 ff.
– plättchenreiches 10
Plasmafraktionierung 48
– chromatographische 75
PPSB 61, 76
Perpura Schoenlein-Henoch 20

Qualitätskontrolle 32

Rheumfaktor 39, 47
RNA 54

Serumkonserve 62, 76
Sichelzellanämie 21
Spenderscreening 37
β-Propiolacton 54, 62
Sterilisation, Detergentien 63
– Effektivität 57

Thrombozytenfunktionsstörungen 4
Thrombozytenkonzentrat 4, 11
Transfusion 4
Treponema pallidum 12
Trypanosomen 12

Virus, Struktur 54
Virusinaktivierung 30, 47 f., 53 ff.
– Effektivität 56
Vollblut 6
Volumenersatz 4

Western Blot 38, 40, 47

MIX
Papier aus verantwortungsvollen Quellen
Paper from responsible sources
FSC® C105338

If you have any concerns about our products,
you can contact us on
ProductSafety@springernature.com

In case Publisher is established outside the EU,
the EU authorized representative is:
**Springer Nature Customer Service Center GmbH
Europaplatz 3, 69115 Heidelberg, Germany**

Printed by Libri Plureos GmbH
in Hamburg, Germany